DURCHBLICK

QUANTENPHYSIK

Aus dem Englischen übersetzt von Susanne Richter.
Titel der Originalausgabe: Navigating Quantum Physics
erschienen bei Riverside Press
einem Imprint von UniPress Books Ltd
World's End Studios
unter der ISBN 978-1-917226-09-7

BILDNACHWEIS

Mit 50 Illustrationen von Robert Brandt.

IMPRESSUM

Umschlaggestaltung von Luke Herriott
Mit 50 Illustrationen

Alle Angaben in diesem Buch erfolgen nach bestem Wissen und Gewissen. Sorgfalt bei der Umsetzung ist indes dennoch geboten. Der Verlag und der Autor übernehmen keinerlei Haftung für Personen-, Sach- oder Vermögensschäden, die aus der Anwendung der vorgestellten Materialien, Methoden oder Informationen entstehen könnten

Unser gesamtes Programm finden Sie unter **kosmos.de**.
Über Neuigkeiten informieren Sie regelmäßig unsere Newsletter, einfach anmelden unter **kosmos.de/newsletter**

Gedruckt auf chlorfrei gebleichtem Papier

ISBN 978-3-440-18373-1
Projektleitung: Heiko Fischer
Lektorat: Michael Geymeier
Gestaltungskonzept: Luke Herriott
Gestaltung und Satz: TEXT & BILD Michael Grätzbach
Produktion: Markus Schärtlein
Printed in China / Imprimé en Chine

FSC www.fsc.org MIX Papier | Fördert gute Waldnutzung FSC® C008047

DURCHBLICK

QUANTENPHYSIK

EINFACH ERKLÄRT
SCHNELL VERSTANDEN

GEMMA LAVENDER

INS DEUTSCHE ÜBERSETZT
VON SUSANNE RICHTER

KOSMOS

EINLEITUNG

Gemeinhin spricht man von einem „Quantensprung“, wenn es um einen großen Schritt in Richtung eines Zieles geht. Und sicherlich war die Entwicklung der Quantenmechanik ein großer Schritt hin zu einem besseren Verständnis des Universums und der Natur unserer Realität. Nichtsdestotrotz geht es in der Quantenphysik eigentlich um das Verhalten von Materie im kleinsten Maßstab; um die Atome und Teilchen, aus denen alles besteht, was wir um uns herum sehen. **DURCHBLICK QUANTENPHYSIK** handelt davon, wie wir versuchen, diese bizarre Welt der kleinsten Dinge zu verstehen.

Los geht es mit einigen grundlegenden Entdeckungen, die den Auftakt zur Entwicklung der Quantenphysik bildeten. Den Schlüssel hierzu liefert die große Debatte, die die Wissenschaft entzweite: Besteht Licht aus Teilchen oder aus Wellen? Es zeigt sich, dass beides möglich ist. Und dieser sogenannte Welle-Teilchen-Dualismus ist entscheidend dafür, das Verhalten von Quanten zu erklären.

Kopfüber stürzen wir uns im Anschluss in die Natur der Quantenmechanik, die sich in Form einer Wellenfunktion zusammenfassen lässt. Dabei handelt es sich um eine Art Wahrscheinlichkeitsverteilung, die den Quantenzustand eines Teilchens enthält. Das Konzept der Wellenfunktion erforderte die Genialität vieler Wissenschaftler, die ihre Ideen aufeinander aufbauten, doch nicht alle stimmten darin überein, was genau die Wellenfunktion bedeutet – insbesondere Albert Einstein. In Kapitel 3 tauchen wir in einige dieser Streitigkeiten ein. In Kapitel 4 lernen wir, wie Wissenschaftler diese Interpretationen auf die Probe stellten, und erfahren, dass wir in einem Universum leben, in dem die Ursache nicht zwingend einer Wirkung vorausgeht.

Die verbreitetste Interpretation der Quantenphysik ist die Kopenhagener Deutung. Sie wurde bekanntermaßen von Niels Bohr verfochten, während Einstein nicht mit ihr einverstanden war. Doch es gibt auch andere Interpretationen, so zum Beispiel die Existenz eines Multiversums.

Die moderne Quantenphysik definiert sich über die Existenz von Quantenfeldern, die das Universum durchdringen, sowie über die Teilchen, die diese Energiefelder mit sich tragen. Das bekannteste dieser Teilchen ist das Higgs-Boson. Das Higgs-Feld, das es mit sich trägt, verleiht allem seine Masse. Hier zeigt sich eine der vielen natürlichen Anwendungen der Quantenphysik, doch Wissenschaftler haben noch viele weitere Möglichkeiten erdacht, wie die Quantenmechanik von Nutzen sein kann: angefangen bei einfachen Lasern bis hin zum magnetischen Schweben. Wir schließen mit der vielleicht bedeutendsten Anwendung von allen, den Quantencomputern, und dem Quantensprung – Entschuldigung für das Wortspiel –, für den diese sorgen könnten, wenn es um das Sichern von Kommunikation oder das Lösen von Problemen geht, die sich aus dem Aufkommen eines Quanteninternets ergeben.

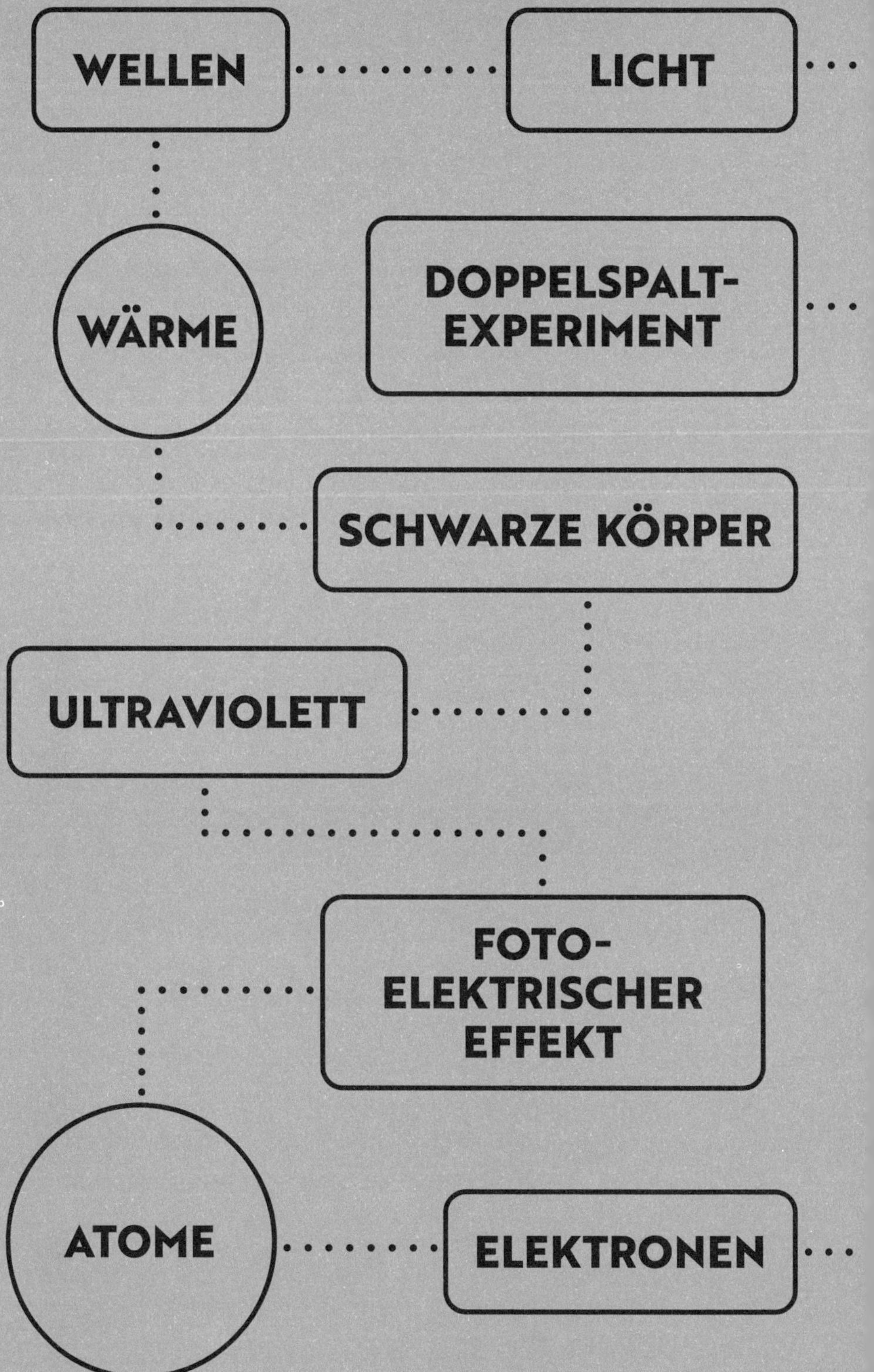
WELLEN
LICHT
WÄRME
DOPPELSPALT-EXPERIMENT
SCHWARZE KÖRPER
ULTRAVIOLETT
FOTO-ELEKTRISCHER EFFEKT
ATOME
ELEKTRONEN

KAPITEL 1

QUANTEN-VORSPIELE

WELLEN-FUNKTION

SCHWER-KRAFT

POTENZIELLE ENERGIE

PHOTONEN

KINETISCHE ENERGIE

ÜBER DIESES KAPITEL

Die Geschichte der Wissenschaft ist voller Wendepunkte. Doch Entdeckungen passieren nicht einfach so; Jahrzehnte oder gar Jahrhunderte der Einigkeit werden nicht in einer Nacht überholt. Revolutionen im Verständnis des Universums geschehen allmählich. Sie bauen sich auf, Rätsel um Rätsel, Lösung um Lösung, Einsicht um Einsicht, bis wir feststellen, dass wir zu einer völlig neuen Sichtweise der Realität gelangt sind.

Ein Beispiel dafür, wie Wissenschaft auf diese Weise betrieben wird, ist die Quantenrevolution. Sie begann mit einer ganz intuitiven Frage: Was ist Licht? Eine Frage, die viele von uns vermutlich gar nicht stellen würden. Doch diese harmlose Frage war es, die uns letztendlich zu überraschenden und manchmal verblüffenden Erkenntnissen führte. Sie öffnete uns die Tür, um immer tiefer und tiefer in die Struktur der Materie zu blicken und festzustellen, dass die subatomare Welt bizarrer ist, als wir es uns je hätten vorstellen können. Selbst heute behaupten Wissenschaftler, dass niemand alle Auswirkungen der Quantenphysik wirklich versteht, so sehr geht sie gegen die eigene Intuition aus unseren Alltagserfahrungen. Und doch ist unser tägliches Leben in der makroskopischen Welt um uns herum eine Folge der unscharfen Realität aus dem Reich der Quanten.

Die Frage nach der Natur des Lichts führte zum Konzept des **WELLE-TEILCHEN-DUALISMUS**, bei dem sich **TEILCHEN** als Wellen verhalten können, da sie als eine Reihe von Wahrscheinlichkeiten entlang einer **WELLENFUNKTION** existieren. Diese gibt die Wahrscheinlichkeit an, mit der ein Teilchen an einem Ort mit einem bestimmten Impuls gefunden wird, anstatt an einem anderen Ort mit einem anderen Impuls. Die Wellenfunktion wird mathematisch durch die **SCHRÖDINGERGLEICHUNG** beschrieben. Sie ermöglicht es Physikern, den Quantenzustand eines beliebigen Systems zu berechnen, angefangen bei einem einzelnen Teilchen bis hin zum – zumindest theoretisch – Universum.

Auf der anderen Seite können sich Teilchen immer noch wie Teilchen verhalten, weshalb man überhaupt von **QUANTEN** spricht. **PHOTONEN** sind Teilchen, die diskrete Energiepakete transportieren, die Max Planck als Quanten bezeichnete. Mit ihrer Hilfe lässt sich erklären, wie perfekte Strahler, sogenannte **SCHWARZE KÖRPER**, Wärme bei kurzen Wellenlängen im ultravioletten Bereich abstrahlen können, sodass das Problem der gefürchteten **ULTRAVIOLETT-KATASTROPHE** ziemlich schnell gelöst werden konnte.

Ausnahmsweise gab es in der Debatte über die Natur des Lichts keine Verlierer: Diejenigen, die der Meinung waren, dass Licht ein Teilchen sei, hatten Recht, ebenso wie diejenigen, die sich für die Wellentheorie des Lichts einsetzten. Und die Instinkte dieser frühen Wissenschaftler waren goldrichtig, konnten sie doch keinesfalls wissen, dass die Quantenwelt so vollkommen anders als alles sein würde, was wir für gesunden Menschenverstand halten. Das zeigt uns, wie jede Entdeckung und jede Theorie – angefangen bei Isaac Newtons **KORPUSKELTHEORIE** bis hin zu Thomas Youngs **DOPPELSPALTEXPERIMENT** – Sinn ergab und logisch schien und wie sie aufeinander aufbauen. Die Wellentheorie des Lichts stimmte genau mit der Entwicklung eines Modells des **ELEKTROMAGNETISMUS** überein. Schwarze Körper und die Ultraviolett-Katastrophe führten Max Planck zu seiner Erkenntnis (im Zusammenspiel mit Albert Einsteins Genie) und ebneten den Weg für den Sprung zum Konzept der Quanten. Erwin Schrödinger verknüpfte schließlich alles fein säuberlich miteinander.

Doch das war erst der Anfang; ein Vorspiel zu Abenteuern, die die Wissenschaftler auf eine Reise von Paralleluniversen über Quantencomputer und Strahlung von Schwarzen Löchern bis hin zur Suche nach einer Theorie des Bewusstseins nehmen würden. Aus einer einfachen Frage, die ein Kind stellen könnte, wie „Was ist Licht?“, offenbaren sich die komplexen Funktionsweisen des Kosmos.

QUANTENVORSPIELE – EINE ÜBERSICHT

MODELLE

PLUM-PUDDING-MODELL
Laut diesem veralteten Modell des Atomaufbaus waren die Elektronen wie Pflaumen in einer Kuchenmischung eingebettet. Das war vor der Entdeckung von Protonen und Neutronen.

ATOME
Die Bausteine der Materie: Sie bestehen aus einem Kern mit Protonen und Neutronen, der von Elektronen umkreist wird.

KORPUSKELTHEORIE
Laut Sir Isaac Newton bestand Licht aus Teilchen, die er Korpuskeln nannte. Denn wenn Licht eine Welle wäre, weshalb kann es dann nicht um Ecken scheinen?

DOPPELSPALTEXPERIMENT
Im Jahr 1801 bewies Thomas Young, dass sich Licht wie eine Welle verhält, indem er zwei enge Spalte beleuchtete und ein Interferenzmuster erzeugte.

WELLE-TEILCHEN-DUALISMUS
Teilchen können als Wellen agieren und Wellen können sich wie Teilchen verhalten. Dieser Dualismus wird von der Quantenphysik vorausgesagt und impliziert, dass alle Teilchen eine Wellenlänge besitzen.

WELLENAUSBREITUNG
Wellen benötigen normalerweise ein Medium, in dem sie sich ausbreiten. Lichtwellen können sich als Manifestationen eines elektromagnetischen Feldes jedoch auch in einem Vakuum ausbreiten.

KINETISCHE ENERGIE ...
... ist die Energie sich bewegender Objekte.

POTENZIELLE ENERGIE ...
... ist die Lageenergie von ruhenden Objekten.

WELLENFUNKTION
Sie beschreibt die Wahrscheinlichkeit, mit der ein Teilchen einen bestimmten Ort, Impuls oder eine bestimmte Energie besitzt.

ENERGIE

LICHT

QUANTEN
Energie wird in diskreten Energiepaketen, den sogenannten Quanten, statt in einem kontinuierlichen Spektrum abgestrahlt.

FOTOELEKTRISCHER EFFEKT
Wird ein Metall mit ultraviolettem Licht bestrahlt, werden Elektronen frei und erzeugen einen elektrischen Strom.

PHOTONEN
Die Quanten der elektromagnetischen Kraft heißen Photonen und sind die Energiepakete, die wir auch als „Lichtteilchen" bezeichnen.

ULTRAVIOLETT-KATASTROPHE
In der klassischen Physik versagt das Rayleigh-Jeans-Gesetz bei ultravioletter Strahlung. Erst mit Einführung des Konzepts der Quanten konnte dieser Widerspruch aufgelöst werden.

TEILCHEN
Sie sind fundamentalere Bausteine der Materie als Atome. Manche Teilchen setzen sich aus anderen, noch grundlegenderen Teilchen zusammen.

RAYLEIGH-JEANS-GESETZ
Diese mathematische Beziehung zeigt, dass die Intensität der Strahlungsenergie eines Schwarzen Körpers proportional zu seiner Temperatur und umgekehrt proportional zu seiner Wellenlänge ist.

WIENSCHES GESETZ
Mithilfe dieser mathematischen Beziehung lässt sich beschreiben, wie die Temperatur eines Schwarzen Körpers die Wellenlänge der von ihm ausgesandten Strahlung bestimmt.

SCHWARZER KÖRPER
Dieses theoretische Objekt besteht aus einem idealisierten Material, das es zum perfekten Emitter und Absorber von Strahlung macht.

SCHRÖDINGERS WELLENGLEICHUNG
Diese mathematische Beschreibung der Wellenfunktion eines Teilchens wurde nach dem Physiker Erwin Schrödinger benannt.

Warum können wir nicht um die Ecke schauen?

→ Wie Dr. Jekyll und Mr. Hyde hat das Licht eine gespaltene Persönlichkeit: Manchmal verhält es sich wie ein Teilchen, manchmal wie eine Welle. Doch die Wellenlänge des Lichts ist zu klein, um wahrnehmbar um Ecken zu schwappen.

Einer der Grundsteine der Quantenphysik entwickelte sich aus einer heftigen Debatte über die Natur des Lichts, die im späten 17. Jahrhundert begann. Der niederländische Astronom und Mathematiker Christiaan Huygens (1629–1695) nahm an, dass Licht eine Welle sei: Wie sonst könnte es sich in Glas oder Wasser brechen? Der englische Universalgelehrte Isaac Newton (1643–1727) argumentierte hingegen, dass Licht aus Teilchen bestehe. Diese nannte er „Korpuskeln", da sich Licht offenbar in einer geraden Linie bewegt – insbesondere, wenn es von einem Spiegel reflektiert wird – und sich nicht um Ecken ausbreitet, wie wir es von einer Welle erwarten könnten. Weiterhin schlussfolgerte Newton, dass das Phänomen der Brechung auftritt, weil die Teilchen ihre Geschwindigkeit ändern, wenn sie in Medien mit unterschiedlicher Dichte eintreten.

Im Jahr 1801 widerlegte der englische Universalgelehrte Thomas Young (1773–1829) Newtons Korpuskeltheorie scheinbar und zeigte mithilfe seines Doppelspaltexperiments, dass Licht tatsächlich eine Welle ist. Wir alle kennen dieses Experiment aus der Schule: Man leuchtet mit einer kohärenten Lichtquelle durch zwei schmale Spaltöffnungen und erzeugt so ein Beugungsmuster aus hellen und dunklen Streifen, sogenannte Interferenzstreifen. Sie sind das Ergebnis von Lichtwellen, die aus den beiden Schlitzen austreten und miteinander interferieren, während sie sich ausbreiten.

Ein Problem aber blieb: Man ging davon aus, dass eine Welle ein Medium braucht, um sich auszubreiten. Bemühungen, ein solches Medium – den Äther – nachzuweisen, gipfelten schließlich im sogenannten Michelson-Morley-Experiment von 1897. Mithilfe dieses Experiments versuchten zwei amerikanische Forscher, die Geschwindigkeit unserer Erde relativ zum Äther nachzuweisen. Wenig überraschend fanden sie jedoch nichts dergleichen. Doch es gab eine Lösung: Im Jahr 1865 entwickelte der schottische Physiker James Clerk Maxwell (1831–1879) seine Theorie des Elektromagnetismus und der elektromagnetischen Wellen. Diese benötigten kein Medium und breiteten sich mit Lichtgeschwindigkeit aus. Damals sah man Licht natürlich nur als elektromagnetische Welle. Dass diese Wellen nicht um die Ecke schwappen, liegt daran, dass ihre Wellenlängen mit Größenordnungen von Hunderten von Nanometern winzig sind. Heute wissen wir jedoch, dass Licht sowohl ein Teilchen als auch eine Welle ist; eine doppelte Persönlichkeit namens Welle-Teilchen-Dualismus, der ein wesentlicher Aspekt der Quantenphysik ist.

LICHTWELLEN-AUSBREITUNG

Die Ausbreitung einer Welle beschreibt, wie sich Wellen von einem Punkt zu einem anderen bewegen. Dass Wellen sehr wohl um Ecken schwappen können, zeigt sich an Schallwellen, denn obwohl sich eine Schallquelle nicht in unserer Sichtlinie befindet, können wir sie hören. Die Wellenlänge von Licht ist jedoch winzig und liegt, zum Beispiel bei sichtbarem Licht, zwischen dem 400- und 700-Milliardstel eines Meters. Obwohl Licht also auch um Ecken schwappen kann, ist es aufgrund seiner winzigen Wellenlängen so wenig, dass wir es nicht sehen können.

Warum glühen heiße Kohlen im Dunkeln?

→ Letztendlich kommt es auf das Verhältnis zwischen der Temperatur der Kohlen und der Wellenlänge der Wärmestrahlung an, die von ihnen ausgeht. Beim menschlichen Körper liegt sie im infraroten Bereich, während heißere Kohlen im sichtbaren Bereich glühen und leuchtende Sterne Strahlung im Ultravioletten aussenden.

Bezeichnen wir etwas als „warm", meinen wir damit eigentlich, dass es Energie ausstrahlt. Da es viele Variablen in der Umgebung und Zusammensetzung von Körpern gibt, hat man sich in der Physik auf das Ideal eines sogenannten Schwarzen Körpers geeinigt.

Ein Schwarzer Körper ist ein idealer Absorber und nimmt jegliche auftreffende elektromagnetische Strahlung auf, während er gleichzeitig Wärmestrahlung aussendet, die nur von seiner Temperatur abhängt. In der Praxis existiert ein solcher Schwarzer Körper nicht, doch vieles stellt eine gute Annäherung dar – heiße Kohlen zum Beispiel. Der deutsche Physiker Max Planck (1858–1947) fand heraus, dass die Beziehung zwischen der Temperatur eines Schwarzen Körpers und der Wellenlänge der von ihm abgestrahlten Wärme durch eine Kurve beschrieben werden kann. Diese Kurve folgt zwei Regeln: Die eine ist das wiensche Gesetz. Es beschreibt, wie die Form der Kurve durch die Wellenlänge der emittierten Strahlung bestimmt wird, die umgekehrt proportional zur Temperatur des strahlenden Körpers ist. Das andere ist das Rayleigh-Jeans-Gesetz, das erklärt, weshalb die Intensität der abgestrahlten Energie proportional zur Temperatur des Schwarzen Körpers und umgekehrt proportional zur Wellenlänge ist. Ein menschlicher Körper strahlt Wärme ab, die wir bei Wellenlängen im nahen Infrarotbereich messen. Dieser Bereich ist für unsere Augen jedoch unsichtbar. Die Kohlen, die heißer als unser Körper sind, geben Energie mit kürzerer Wellenlänge ab, die unsere Augen als rot-orangefarbenes Glühen in der Dunkelheit wahrnehmen. Glühbirnen erreichen Temperaturen von etwa 3000 Grad Celsius und erhellen so unser Zuhause. Sehr heiße Objekte mit Temperaturen um die 10.000 Grad Celsius, wie einige Sterne, strahlen hingegen zum Großteil im ultravioletten Bereich. Doch da gibt es ein Problem: Unter der Annahme, dass Wärme und Licht als Wellen in einem kontinuierlichen Strom abgestrahlt werden, kann das Rayleigh-Jeans-Gesetz nicht die Verteilung und Intensität der ultravioletten Strahlung bei diesen Temperaturen erklären. Dieses Problem wird auch Ultraviolett-Katastrophe genannt.

Max Planck erkannte, dass diese Annahme falsch war: Stattdessen werden Licht und Wärme in diskreten Paketen, den sogenannten Quanten, abgestrahlt. Albert Einstein (1879–1955) wies schließlich nach, dass es sich dabei um reale Teilchen namens Photonen handelt. Der Teilchencharakter des Lichts war somit wieder zurück im Spiel.

DIE ULTRAVIOLETT-KATASTROPHE

Die klassische Physik sagt uns, dass sich eine glatte Kurve ergibt, wenn wir die von einem Schwarzen Körper emittierte Strahlung in einem Temperatur-Wellenlänge-Diagramm aufzeichnen. Das Rayleigh-Jeans-Gesetz sagte jedoch eine andere Kurvenform für ultraviolette Strahlung voraus, die von den Beobachtungen in der Realität abwich. Dieser Umstand wurde als Ultraviolett-Katastrophe bekannt. Max Planck fand schließlich eine Lösung, als er erkannte, dass Energie in diskreten Paketen ausgesendet wird, den sogenannten Quanten. Diese besitzen eine spezifische Wellenlänge, die die Kurvenform besser erklärte.

Was passiert, wenn Licht auf Metall scheint?

→ Es passiert nicht viel, wenn es sich um sichtbares Licht handelt – es wird lediglich reflektiert. Ultraviolettes Licht hat hingegen genug Energie, um Elektronen aus den Atomen des Metalls zu befreien.

Die Erkenntnis, dass Licht eine gespaltene Persönlichkeit besitzt und sowohl als elektromagnetische Welle als auch als Teilchen mit einer spezifischen Energie auftritt, veränderte die Physik. Wissenschaftler besaßen nun ein neues Werkzeug, um Phänomene zu erklären, die in den Jahrzehnten zuvor scheinbar wider jede Logik liefen.

Nehmen wir zum Beispiel den fotoelektrischen Effekt: Er ist bereits seit den 1870er-Jahren bekannt und beschreibt, wie das Bestrahlen von Metall mit Licht bestimmter Wellenlängen einen elektrischen Strom erzeugen kann. Klar war, dass das Licht mit seiner Energie irgendwie mit diesem Strom zusammenhängen muss, jedoch schien dieser Effekt nur mit hochenergetischem Licht mit kurzen Wellenlängen möglich.

Nach der klassischen Wellentheorie des Lichts sollte dieser Strom auch in Metall, das mit niederenergetischem Infrarotlicht bestrahlt wurde, auftreten; so wie bei ultraviolettem Licht, nur dass es länger dauern sollte, da sich die Energie des Infrarotlichts erst „sammeln" musste. Experimente zeigten hingegen, dass der fotoelektrische Effekt nie zustande kam, egal, wie lange das Metall mit infrarotem Licht bestrahlt wurde.

Zwei Entdeckungen waren der Schlüssel zur Erklärung dieser Beobachtungen: Die erste war die Entdeckung des negativ geladenen Elektrons durch den britischen Physiker J. J. Thomson (1856–1940) im Jahre 1897. Der Fluss dieser Elektronen war es, der einen elektrischen Strom erzeugte. Der zweite Schlüssel war die Erkenntnis, dass Energie nicht als Kontinuum abgestrahlt wird, sondern in Form von diskreten Quanten. Einstein zeigte, dass ein Photon benötigt wird, um ein Elektron aus einem Atom zu befreien und zu einem elektrischen Strom beizutragen.

Dazu muss das Photon über genügend Energie verfügen. Während ein ultraviolettes Photon genug Energie besitzt, ist das bei einem infraroten Photon nicht der Fall. Und da die Photonen diskrete Quanten sind, spielt es auch keine Rolle, wie viele infrarote Photonen auf das Atom treffen – ihre Energie lässt sich nicht kombinieren. Somit ist nicht die Intensität der Photonen entscheidend für den fotoelektrischen Effekt, sondern ihre Frequenz, wobei hohe Frequenzen kurzen Wellenlängen entsprechen, wie es etwa bei ultravioletter Strahlung der Fall ist.

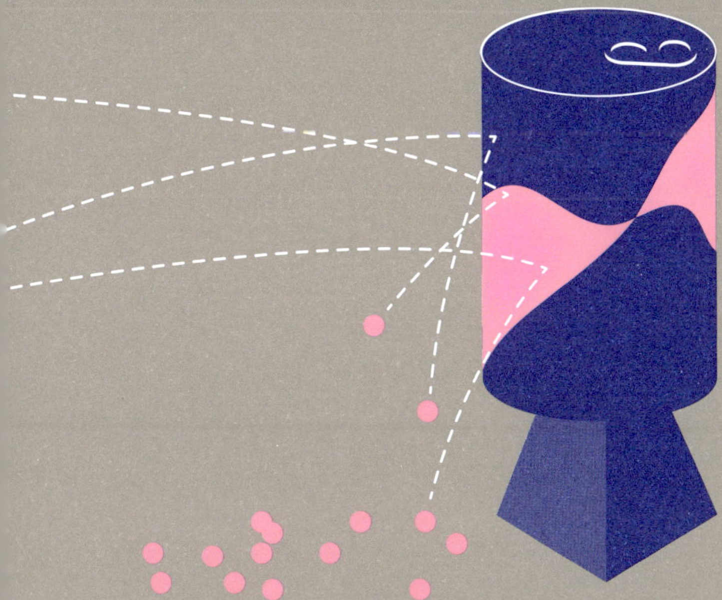

FLÜCHTENDE ELEKTRONEN

Der fotoelektrische Effekt erklärt, wie Licht, das auf ein Metall scheint, auf scheinbar wundersame Weise einen elektrischen Strom erzeugt. Doch das funktioniert nicht mit jedem Licht: Um Elektronen aus den Atomen zu befreien und einen elektrischen Strom zu erzeugen, muss das Licht über genügend Energie verfügen. Die Energie seiner Photonen wird dabei von ihrer Frequenz bestimmt. Infrarote Photonen mit niedrigeren Frequenzen besitzen beispielsweise nicht genug Energie, während hochenergetische Ultraviolett-Photonen Elektronen lösen können.

Ist ein Atom vergleichbar mit dem Sonnensystem?

→ Das lernen wir zumindest in der Schule über den Aufbau eines Atoms. Doch die Wahrheit könnte dich schockieren: Unsere Lehrkräfte haben uns belogen! Die Realität ist um einiges seltsamer, denn die Wellenfunktion des Elektrons übernimmt das Steuer.

Die Entdeckung der Elektronen durch J. J. Thomson war der erste Schritt hin zum Verständnis der atomaren Struktur. Er schlug das „Plum Pudding"-Modell des Atoms vor, bei dem die negativen Elektronen in einen amorphen, positiv geladenen Raum eingebettet sind, wie, nun ja, Pflaumen in einer Kuchenmischung.

Im Jahr 1913 bewies der neuseeländische Physiker Ernest Rutherford (1871–1937) mit seinem Streuversuch (bei dem er die Atome einer dünnen Goldfolie mit Alphateilchen – Heliumkernen – beschoss und feststellte, dass einige Alphateilchen direkt zurückgeworfen wurden), dass Atome einen ausgeprägten Kern haben, was in direktem Widerspruch zum Plum-Pudding-Modell stand.

Der dänische Physiker Niels Bohr (1885–1962) erdachte ein Modell, das veranschaulichte, wie Elektronen diesen Kern in konzentrischen Ringen oder Schalen umkreisen, die immer höheren Energieniveaus entsprechen. Dabei wird die erste, innerste Schale als K-Schale bezeichnet und kann zwei Elektronen aufnehmen. Die nächsthöhere Schale wird als L-Schale bezeichnet und enthält bis zu acht Elektronen. Die dritte Schale, die M-Schale, kann bis zu 18 Elektronen beherbergen und in schwereren Atomen, die viele Elektronen besitzen, können sogar noch mehr Schalen erforderlich sein. In einem vollständigen Atom entspricht die Gesamtzahl der Elektronen der Anzahl der positiv geladenen Protonen im Kern.

Elektronen sind dazu in der Lage, kurzzeitig auf ein höheres Energieniveau zu springen, wenn sie ein Photon mit ausreichend Energie absorbieren. Die energiereichsten Photonen können sogar Elektronen aus der äußeren Schale schlagen, was den fotoelektrischen Effekt erklärt, bei dem energiereiche Photonen durch Bestrahlung eines Metalls einen elektrischen Strom in diesem erzeugen.

Dieses Bild des Atoms wird in Schulbüchern oft wie das Sonnensystem dargestellt, wobei sich die Elektronen auf festgelegten Umlaufbahnen befinden. Um es kurz und knapp zu sagen: Das ist falsch. Was unser Sonnensystem betrifft, wissen wir genau, an welcher Position sich die Planeten heute, in 500, 5000 oder gar fünf Millionen Jahren befinden. Wie wir aber bald sehen werden, ist eine so exakte Vorhersage für die Position von Elektronen auf ihrer Schale aufgrund ihrer Wellennatur unmöglich. Statt auf klaren Umlaufbahnen um den atomaren Kern ist der Weg eines Elektrons eher unscharf, was es unmöglich macht, zu sagen, wo genau es sich befindet.

UNSCHARFE ELEKTRONEN

Dargestellt sind hier die beiden Modelle des Atoms: Im alten Modell (links) umkreisen die Elektronen den Kern auf festgelegten Bahnen, vergleichbar mit den Planeten um die Sonne. Im neuen Modell (unten) zeigt sich hingegen, dass Teilchen die Fähigkeit besitzen, als Welle zu agieren, die sich über eine Fläche entsprechend ihrer Wellenlänge erstreckt. Dadurch ist es uns nicht möglich, den genauen Pfad eines Elektrons um den Kern festzulegen und statt einer sauberen Umlaufbahn erhalten wir eine unscharfe Elektronen„wolke".

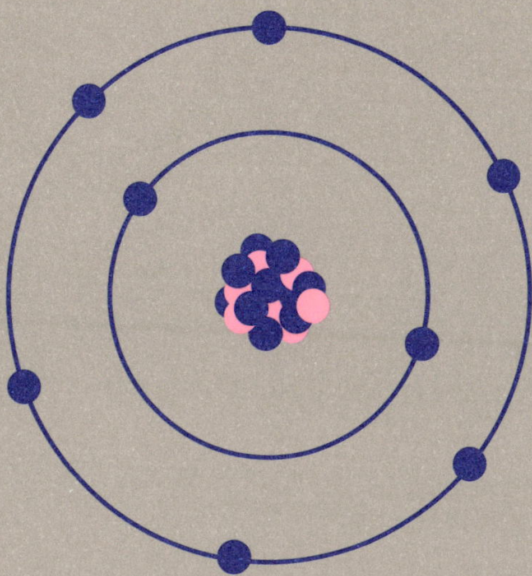

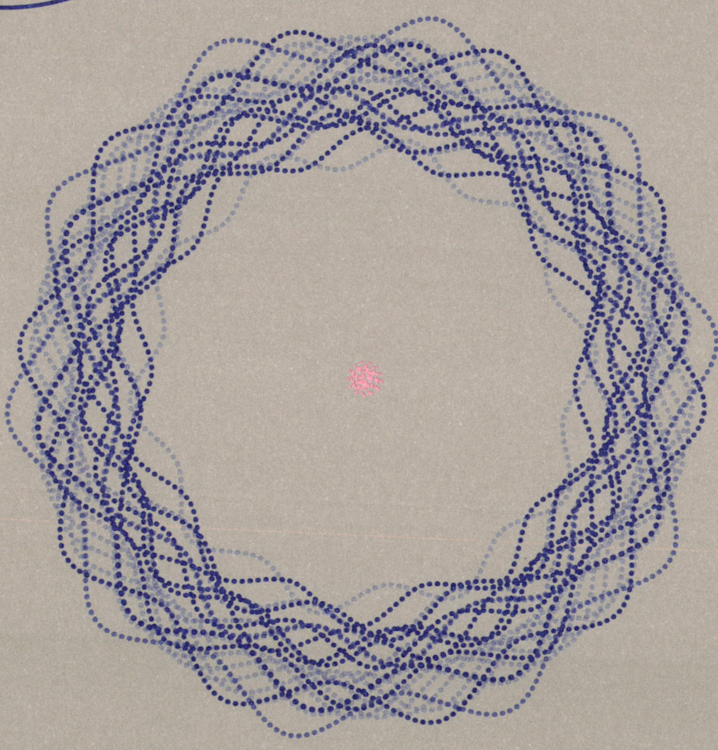

Wodurch bewegen sich Objekte?

→ Es mag viel zu einfach klingen, wenn man sagt „durch einen Schub oder ein Ziehen", doch dahinter steckt die kinetische Energie – die Energie der Bewegung.

Bisher haben wir schon viel über Energie gesprochen, doch wie ist sie eigentlich definiert? Betrachten wir einmal, was passiert, wenn du gegen einen Fußball trittst: Ganz vereinfacht ausgedrückt hast du eine abstoßende Kraft – den Tritt – auf den Ball angewandt, die ihn hoffentlich ins Tor befördert hat. Nimm jetzt einmal an, du wärst der Torhüter und möchtest einen langen Schuss in die Mitte des Feldes spielen. Du wendest wieder eine Kraft an, sodass der Ball zunächst nach oben fliegt. Doch dann kommt der Ball wieder zurück nach unten. Jetzt kommt nämlich eine anziehende Kraft – die Schwerkraft – zum Zug und holt den Ball zurück zum Boden.

Diese Kombination aus anziehender und abstoßender Kraft ist es, was für die Bewegung vieler Dinge verantwortlich ist – im makroskopischen wie auch im atomaren Bereich. Nichtsdestotrotz ist auch immer Energie erforderlich, um diese Kräfte wirksam zu machen. Ein Beispiel: Dein Auto bewegt sich, weil die Kurbelwelle Kolben anschiebt, wodurch sich wiederum Zahnräder bewegen, die mit den Rädern verbunden sind. Für all das wird Energie benötigt, die vom Motor zur Verfügung gestellt wird. Genauso wird Energie benötigt, um einen Fußball zu schießen – chemische Energie, die durch deinen Stoffwechsel zur Verfügung gestellt wird.

Die Energie der Bewegung ist die sogenannte kinetische Energie. Sie entspricht der angewandten Kraft multipliziert mit der Entfernung, die das Objekt zurücklegt.

Wie erklären wir mit diesem Wissen die Bewegung von Lichtpartikeln, den Photonen? Dank des Welle-Teilchen-Dualismus wissen wir, dass ein Photon gleichzeitig eine elektromagnetische Welle ist, die sich im Vakuum stets mit Lichtgeschwindigkeit bewegt. Da Photonen masselos sind, spüren sie jedoch keine Kraft – sie werden weder abgestoßen noch angezogen. Vielmehr sind sie selbst das Leitelement des Elektromagnetismus und bewegen sich daher mit einer Geschwindigkeit durch ein elektromagnetisches Feld, die durch die Mathematik des Elektromagnetismus festgelegt wird: mit Lichtgeschwindigkeit.

Ein elektromagnetisches Feld ist definiert als ein Quantenfeld – seine Energie kann in kleinste diskrete Quanten heruntergebrochen werden, die dann wiederum von den Trägern der Kraft – den Photonen – übertragen wird. Versteht man also, was Photonen sind, wie sie sich bewegen und in welcher Beziehung sie zu Quantenfeldern stehen, ist ein wichtiger Schritt hin zum Verständnis der Quantenphysik getan.

KINETISCHE WIRKUNG

Der Welle-Teilchen-Dualismus besagt, dass Licht sowohl Teilchen (als Photon) als auch elektromagnetische Welle ist. Woher erhält aber ein Photon die kinetische Energie, um sich mit Lichtgeschwindigkeit fortzubewegen? Photonen sind die Träger der elektromagnetischen Kraft, die sich als ein elektromagnetisches Feld manifestiert, über das elektromagnetische Wellen fließen. Das ist vergleichbar mit Wassermolekülen, die sich durch das Meer bewegen. Im Falle von Photonen wird die kinetische Energie jedoch nicht von außen zugeführt, sondern ist Teil ihrer Natur.

Was ist potenzielle Energie?

→ Sie ist die Energie, die da ist, kurz bevor etwas passiert; sie ist gespeichert und aufgestaut und strebt danach, freigesetzt zu werden. Man findet sie überall: in Menschen, die am Rand einer Klippe hängen, oder auch in Elektronen, in denen sie gespeichert ist.

Wenn kinetische Energie die Bewegungsenergie ist, was ist dann die Energie von etwas, das sich nicht bewegt? Besser gesagt: Wohin geht all die kinetische Energie, wenn etwas, das sich bewegt, plötzlich damit aufhört? Denn eines der grundlegenden Gesetze der Natur ist, dass Energie erhalten bleiben muss – sie kann nicht einfach vergehen. Wenn sich ein Objekt also nicht bewegt, staut sich die kinetische Energie auf und liegt als eine andere Art von Energie vor. Diese nennen wir „potenzielle Energie".

Potenzielle Energie kann in verschiedenen Formen auftreten – als gravitative potenzielle Energie von etwas, das vom Rand einer Klippe hängt, als elastische potenzielle Energie einer Spiralfeder, als chemische potenzielle Energie, gespeichert in fossilen Brennstoffen, und so weiter.

Wir können die potenzielle Energie auch durch die Brille der Quantenfelder betrachten. Nehmen wir einmal an, dass die Gravitation ein Quantenfeld ist (wir nehmen es nur an, da aktuell noch keine Quantentheorie der Gravitation existiert). Die Position eines Objekts innerhalb dieses Quantenfelds bestimmt sein gravitatives Potenzial. Etwas nüchterner ausgedrückt: Ein Elektron besitzt potenzielle Energie im elektromagnetischen Feld. Diese potenzielle Energie bildet einen Faktor in der sogenannten Schrödinger-Wellengleichung, die den Quantenzustand eines Systems beschreibt. Zusätzlich ist die Gleichung über eine weitere Eigenschaft definiert, die als Wellenfunktion bezeichnet wird. Sie definiert den Quantenzustand eines Teilchens basierend auf seinem Impuls, seinem Ort, Spin und der Zeit (Letzteres ist wichtig, da sich ein Quantensystem mit der Zeit entwickeln kann und sein Zustand zu einem Zeitpunkt ein ganz anderer sein kann als zu einem anderen Zeitpunkt). Der Potenzielle-Energie-Faktor der Gleichung beschreibt somit also die potenzielle Energie eines Teilchens an einem bestimmten Punkt in Zeit und Raum.

Mit der Wellenfunktion wird der wellenartige Charakter eines Teilchens beschrieben; deshalb verhalten sich Photonen im Doppelspaltexperiment wie Wellen. Dieser wellenartige Aspekt findet sich in der Natur jedes Teilchens und kann dramatische Auswirkungen haben.

ENERGIE-ERHALTUNG

Bis zu dem Moment, in dem ein Objekt beginnt, sich zu bewegen – zum Beispiel, indem es die Treppen herunterfällt – liegt seine Energie als potenzielle Energie gespeichert vor. Beginnt es zu fallen, wird die potenzielle Energie in kinetische Energie der Bewegung umgewandelt. Die Energie geht also nicht verloren, sondern bleibt laut dem fundamentalen Naturgesetz der Energieerhaltung bestehen. Sie wird in andere Arten von Energie umgewandelt – einfach verschwinden kann sie aber nicht.

Wie verbinden sich Wellen miteinander?

→ Die Beziehungen von Wellenfunktionen zueinander sind ein wahres Auf und Ab. Je nachdem, wie sie miteinander interagieren, können sie die Höhe ihrer Berge und Tiefe ihrer Täler vergrößern oder sich gegenseitig komplett auslöschen.

Inzwischen hast du bestimmt gemerkt, dass Wellen eine wichtige Rolle in der Quantenphysik spielen. Deshalb ist jetzt vermutlich auch ein guter Zeitpunkt, um Folgendes klarzustellen: Wenn wir davon sprechen, dass sich ein Teilchen wie eine Welle verhält, dann wird dieses nicht wirklich in die Länge zu einer Welle gezogen wie ein Slinky. Vielmehr beschreibt diese Welle die Wahrscheinlichkeit, mit der ein Teilchen an einem bestimmten Ort existiert. Das ist die Wellenfunktion. Packen wir beispielsweise viele Photonen zusammen, erfüllen sie die Wellenfunktion und die meisten von ihnen tauchen dort auf, wo es am wahrscheinlichsten ist, und wenige dort, wo die Wellenfunktion verschwindet. Wie kommt es dazu? Wellen können konstruktiv oder destruktiv interferieren. Dieser Effekt lässt sich mithilfe eines Beugungsgitters besonders gut beobachten. In einem Experiment, das wir alle aus dem Physikunterricht kennen, wird das Licht einer kohärenten Lichtquelle, zum Beispiel eines Lasers, auf einen Doppelspalt gerichtet und erzeugt ein Muster aus hellen und dunklen Streifen, deren Intensität vom Zentrum weg abnimmt. Dieses Muster ist das Resultat der wellenartigen Natur von miteinander interagierenden Photonen. Dort, wo die Berge der Wellen übereinander liegen, kommt es zu konstruktiver Interferenz und helle Streifen sind sichtbar; wo die Wellentäler übereinander liegen, entstehen dunkle Streifen.
Tritt dieser Effekt bei Wellenfunktionen auf, spricht man von Superposition. Ein Teilchen besitzt einen Quantenzustand, der durch sogenannte Quantenzahlen definiert wird. Sie bestimmen den Ort und die Energie des Teilchens. Auf diese Quantenzahlen gehen wir später noch genauer ein. Für jetzt genügt es zu sagen, dass sie eine ganze Reihe von Werten haben können, alle für sich mit überlappenden Wellenfunktionen, welche sich zu einer Art Gesamtwellenfunktion zusammensetzen. Wie bei tatsächlichen Wellen auch, ist das Ergebnis der Superposition die konstruktive oder destruktive Interferenz auf der Wellenfunktion. Ein Wellenberg, der durch Superposition in der Wellenfunktion verstärkt wird, erhöht die Wahrscheinlichkeit, dass dieses Teilchen dort existiert.

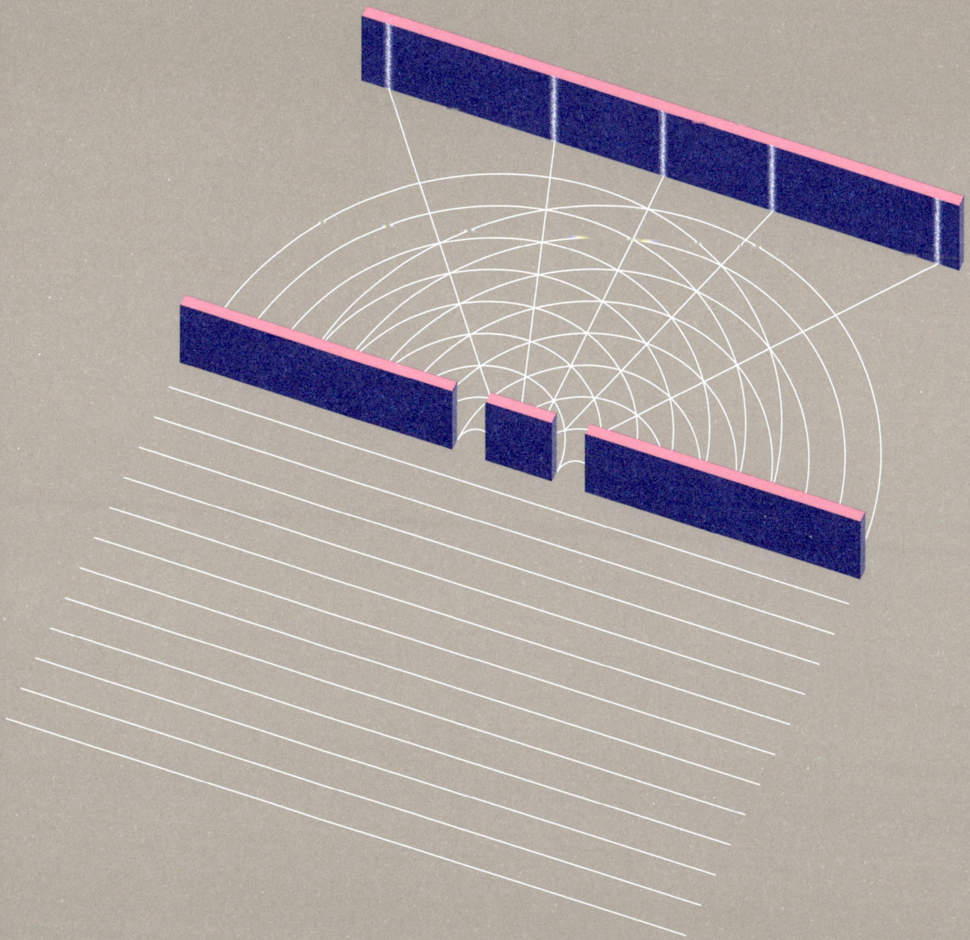

DAS DOPPELSPALTEXPERIMENT

Das Doppelspaltexperiment nach Thomas Young erbrachte den Beweis dafür, dass sich Licht wie eine Welle verhalten kann. Dabei wird das Licht zunächst auf einen einzelnen Spalt gelenkt, wodurch es kohärent wird. Dieses Licht trifft dann auf zwei nah beieinander liegende Spalte. Jeder dieser Spalte erzeugt ebenfalls einen kohärenten Lichtstrahl, sodass zwei Strahlen entstehen, die miteinander interagieren. Ihre Wellenberge und -täler verstärken sich oder löschen sich gegenseitig aus, was in einem Muster aus hellen und dunklen Bereichen auf einer Leinwand gegenüber der beiden Spalte sichtbar wird.

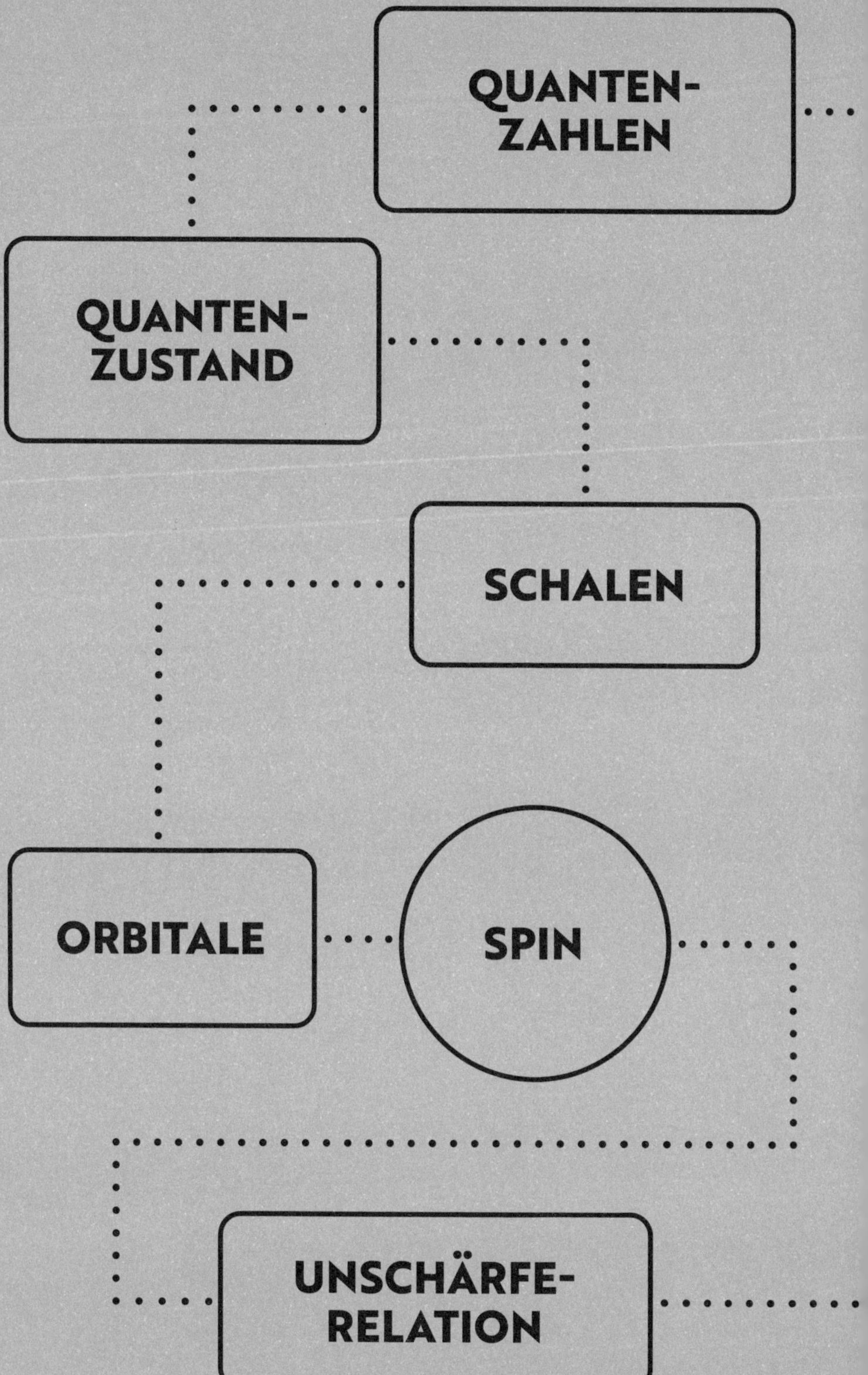
QUANTEN-
ZAHLEN
QUANTEN-
ZUSTAND
SCHALEN
ORBITALE
SPIN
UNSCHÄRFE-
RELATION

KAPITEL 2

QUANTEN-MECHANIK

URKNALL

ANTIMATERIE

PAULI-PRINZIP

CHEMIE

ÜBER DIESES KAPITEL

Allgemein gesagt ist die Quantenphysik die Physik des sehr Kleinen. Dennoch können die Folgen von Quanteneffekten zu neuen Eigenschaften in der makroskopischen Welt führen – in unserem täglichen Leben. Am besten ist es daher, das Verhalten von Quanten in den Kleinsten aller Dinge zu erforschen, in Teilchen und Atomen.

Atome standen bereits Anfang des 20. Jahrhunderts im Mittelpunkt ausführlicher Forschung, insbesondere ihr Aufbau. Die Entwicklung der Quantenphysik und der Relativitätstheorie im ersten Viertel des Jahrhunderts erntet zwar heute alle Lorbeeren, doch auch in der Atomphysik machte man damals große Fortschritte. Die Physiker von damals waren sich einig darin, dass das Modell mit **ELEKTRONEN** um einen **ATOMKERN** das richtige ist, doch die klassische Physik beschreibt die Bahnen dieser Elektronen noch als klare Umlaufbahnen um den Kern – wie Autos auf einer Rennstrecke.

Die Quantenrevolution, die zur selben Zeit langsam Fahrt aufnahm, zwang die Physiker allerdings dazu, einen etwas genaueren Blick auf die Elektronen zu werfen. Denn der Welle-Teilchen-Dualismus machte deutlich, dass es nur die halbe Wahrheit wäre, nähme man die Elektronen als punktförmige Teilchen an. Um ein vollständiges Bild zu erhalten, müssen Elektronen auch durch die Brille der Wellenfunktion betrachtet werden, die ihren **QUANTENZUSTAND** beschreibt. Der Quantenzustand eines Teilchens gibt nicht nur Auskunft über dessen Ort und Impuls, sondern auch über seine **QUANTENZAHLEN**, wie zum Beispiel den **QUANTENSPIN**. Alle Elementarteilchen besitzen diesen Quantenspin, doch eine Rotation der Teilchen lässt sich seltsamerweise nicht nachweisen. Vielmehr verhalten sie sich einfach so, als ob sie sich drehen würden.

Elektronen besitzen vier Quantenzahlen und diese bestimmen, wie sie sich in den **SCHALEN** der Atome anordnen.

Die Schalen wiederum sind unterteilt in Unterschalen und **ORBITALE** und ihre Komplexität wird von der Kombination aus Quantenzahlen, ihren Wellenfunktionen und der **HEISENBERGSCHEN UNSCHÄRFERELATION** bestimmt. Dieses Prinzip sagt aus, dass es unmöglich ist, den Ort und den Impuls eines Teilchens zur selben Zeit zu messen – zumindest nicht sonderlich präzise. Denn je mehr wir über den Ort wissen, desto weniger wissen wir über den Impuls und umgekehrt.

Die Verteilung von Elektronen in Atomen wird außerdem durch das **PAULI-PRINZIP** festgelegt. Laut diesem dürfen zwei Elektronen mit identischen Quantenzahlen nicht auf einer Atomschale vorkommen. Darin liegt der Schlüssel zur gesamten Chemie, denn das Pauli-Prinzip sorgt für die Aufrechterhaltung der Schalenstruktur. Es verhindert, dass sich alle Elektronen einfach auf der Schale mit der niedrigsten Energie ansammeln, obwohl das ihre bevorzugte Position wäre, da diese Schale die stabilste ist. Denn es liegt in der Natur von Teilchen, immer die stabilste aller Optionen zu wählen. Doch nur mit der Verteilung von Elektronen auf innere und äußere Schalen ist es möglich, dass sich molekulare Verbindungen bilden, die die äußeren Elektronen nutzen.

Und dann gab es noch die Entdeckung der **ANTIMATERIE**, aus der die **DIRAC-GLEICHUNG** (eine relativistische Wellengleichung, benannt nach Paul Dirac) folgte, die den ganzen Teilchenzoo und ihre Quanteninteraktionen nur noch komplizierter machte.

Indem die Quantenmechanik hinter dem Verhalten von Elektronen gemäß der Unbestimmtheit der Quantenwelt verstanden wurde, öffnete sich die Tür für größere Fragen nach der Natur des Universums und der Realität an sich.

QUANTENMECHANIK – EINE ÜBERSICHT

ELEKTRONEN

Bei ihnen handelt es sich um negativ geladene Teilchen, die den Atomkern „umkreisen". Sie sind Teil eines jeden Atoms und jedes Atom besitzt genauso viele Elektronen wie Protonen. Ihre Ladungen sind gegensätzlich und neutralisieren sich.

ANTIMATERIE
Zu jedem Teilchen existiert ein Antiteilchen, das zwar dieselbe Masse besitzt, jedoch gegensätzlich geladen ist. Treffen Materie und Antimaterie aufeinander, kommt es zur Annihilation.

ATOMKERN
Der Kern eines Atoms setzt sich aus mehreren Teilchen zusammen: den positiv geladenen Protonen und den elektrisch neutralen Neutronen.

ELEKTRONENSCHALEN
Sie beschreiben die Energieniveaus von Elektronen rund um den Atomkern und werden mit der Quantenzahl **n** angegeben.

PAULI-PRINZIP
Benannt nach Wolfgang Pauli, sagt das Pauli-Prinzip aus, dass Elektronen mit denselben Quantenzahlen nicht auf denselben Orbitalen existieren können.

ELEKTRONENORBITALE
Bei ihnen handelt es sich um die Schichten der Elektronenschalen. Jedes Orbital kann bis zu zwei Elektronen aufnehmen und wird durch seine Quantenzahlen charakterisiert.

HEISENBERGSCHE UNSCHÄRFERELATION

Sie besagt, dass wir nie den Ort und den Impuls eines Teilchens zur selben Zeit bestimmen können.

PRINZIPIEN

FUNKTION

QUANTEN-ZUSTAND

Unter diesem Begriff wird eine Reihe von Informationen zusammengefasst, die alle Quanteneigenschaften beschreiben, die durch die Wellenfunktion definiert sind, inklusive der Position eines Teilchens, seines Impulses und anderer Quantenzahlen.

BOSONEN
Sie sind die Trägerteilchen der Quantenfelder, die die vier Grundkräfte der Natur beinhalten.

HIGGS-BOSONEN
Die Existenz der Trägerteilchen des Higgs-Feldes wurde bereits 1964 vorausgesagt, konnte jedoch erst 2012 mithilfe des Large Hadron Colliders nachgewiesen werden.

QUANTENZAHLEN
Sie definieren den Quantenzustand eines Teilchens und beinhalten verschiedene Eigenschaften, wie zum Beispiel den Spin, die Energie sowie Form und Ausrichtung der „Umlaufbahn" eines Elektrons.

QUANTENSPIN
Dabei handelt es sich um die seltsame Eigenschaft von Teilchen, die den Eindruck erweckt, sie würden sich drehen, obwohl sie es nicht tun. Der Spin stellt eine eigene Quantenzahl dar, um die Elektronen voneinander zu unterscheiden.

FERMIONEN
Sie sind Teilchen, wie zum Beispiel das Elektron, die einen halbzahligen Spin besitzen, wie $^1/_2$, $^3/_2$ oder $^5/_2$.

DIRACS RELATIVISTISCHE WELLENGLEICHUNG
Bei ihr handelt es sich um eine Version der Schrödingergleichung, die die Wellenfunktion von Teilchen beschreibt, die sich mit oder nahezu mit Lichtgeschwindigkeit bewegen.

SPIN

Woher kommen die Quantenzahlen?

→ Der Tanz eines Elektrons um einen Atomkern ist mit einigen Quantendrehungen verbunden, geführt von nahezu magischen Eigenschaften, den Quantenzahlen. Sie bestimmen, ob das Elektron eine langsame Rumba oder einen energiegeladenen Boogie-Woogie aufs Parkett legt.

Im vorherigen Kapitel begegneten wir dem Konzept der Wellenfunktion (siehe Seiten 24 und 26). Sie beschreibt die Wahrscheinlichkeit der verschiedenen möglichen Resultate eines Quantenzustands. Doch was ist ein Quantenzustand? Der Quantenzustand beinhaltet eine Reihe von Informationen, die alle Quanteneigenschaften definieren, die durch die Wellenfunktion dargestellt werden, darunter den Ort, den Impuls und andere Merkmale, inklusive sogenannter Quantenzahlen.

Niels Bohrs Atommodell von 1913 basiert auf einer Quantenzahl **n**, die das Energieniveau – also die Schale – beschreibt, auf dem sich ein Elektron um den Atomkern bewegt. Sie können sich diese Schalen als kreisförmige Rennstrecken vorstellen: Jemand auf der äußeren Schale – auf der äußeren Strecke – muss schneller laufen beziehungsweise mehr Energie besitzen, um eine Runde in derselben Zeit zu vollenden wie ein Läufer auf einer inneren Strecke beziehungsweise Schale, für die nur wenig Energie nötig ist. Zwar passiert das nicht wirklich genau so im Atom, doch es hilft uns dabei, uns zu merken, dass die äußeren Schalen für hochenergetische Elektronen da sind. Die innerste Schale, die K-Schale, besitzt eine Quantenzahl von **n** = 1. Für die Nächsthöhere, die L-Schale, ist **n** = 2, für die M-Schale ist **n** = 3 und so weiter. Bohrs Modell ist jedoch sehr eindimensional und betrachtet das Atom sozusagen von oben, wobei die Schalen kreisförmig um den Atomkern angeordnet sind. Die 1926 veröffentlichte Wellengleichung des österreichisch-irischen Physikers Erwin Schrödinger (1887–1961) beschreibt hingegen die Wellenfunktion eines Elektrons in mehreren Dimensionen. So ist es die Wellenfunktion, die die Wahrscheinlichkeit bestimmt, mit der sich ein Elektron auf einer gewissen Schale befindet.

Als Teil seiner Wellengleichung fügte Schrödinger zwei Quantenzahlen hinzu: die azimutale Nebenquantenzahl **l**, die die Form der Region beschreibt, in der sich ein Elektron um den Kern aufhalten kann – von sphärisch über bipolar bis hin zu quadrupolar wie bei einem vierblättrigen Kleeblatt ist alles möglich –, sowie die magnetische Quantenzahl **m**, die die räumliche Orientierung dieser Region beschreibt. **n** wird als Hauptquantenzahl bezeichnet. Die Quantenzahlen werden alle durch ganze Zahlen angegeben: **n** kann eine von Null verschiedene ganze Zahl sein, **l** nimmt Werte zwischen 0 und **n**–1 an und **m** liegt zwischen –**l** und +**l**. Eine weitere Quantenzahl ist der Spin **s** eines Teilchens, auf den wir bald noch eingehen werden.

DIE MAGISCHEN ZAHLEN

Es gibt vier Quantenzahlen – ***n****,* ***l****,* ***m*** *und* ***s*** *–, die festlegen, wie sich Elektronen in Atomen verhalten. Die Quantenzahl* ***n*** *gibt an, auf welcher Schale um den Atomkern ein Elektron zu finden ist, während* ***l*** *die Form des Orbitals des Elektrons beschreibt. Die Quantenzahl* ***m*** *gibt Aufschluss über die Orientierung dieses Orbitals und* ***s*** *beschreibt die Richtung des Spins des Elektrons.*

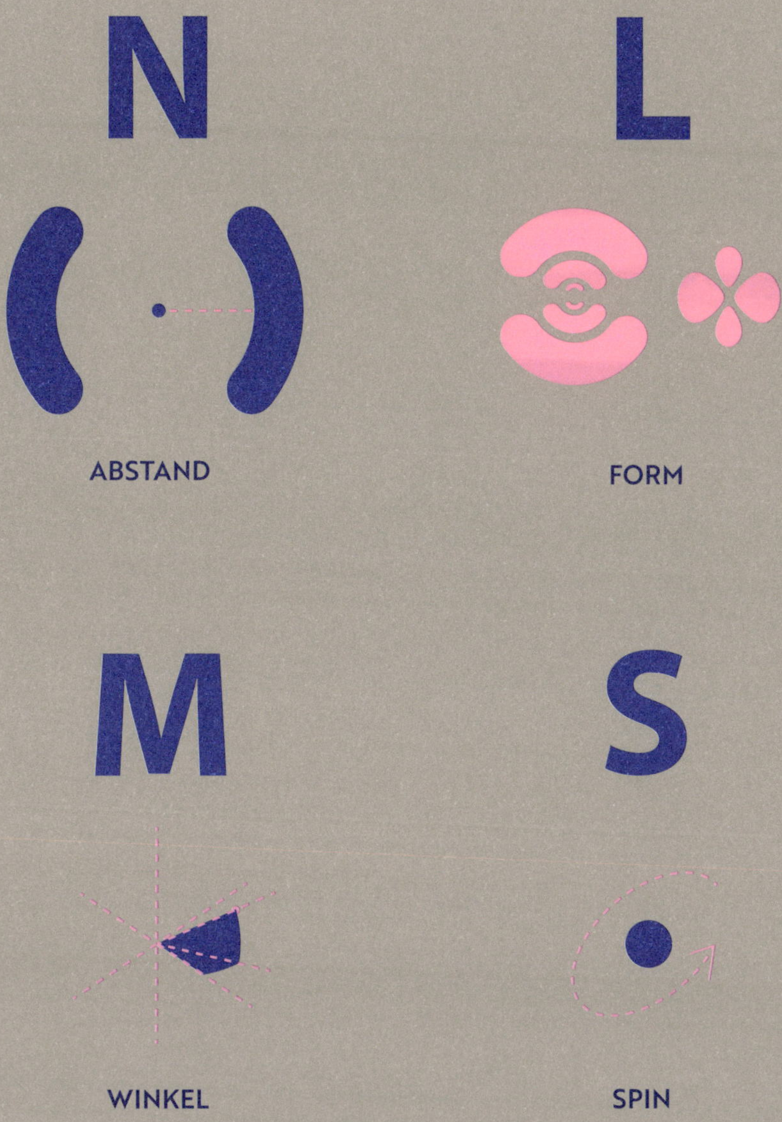

Warum besitzt ein Elektron einen Spin?

→ Obwohl sie einen Spin (von engl. to spin: sich drehen) besitzen, wird es Elektronen nie schwindelig. Das liegt daran, dass sie sich nicht wirklich um sich selbst drehen, sondern nur den Anschein erwecken; ein hübscher kleiner Zaubertrick, den Physiker noch nicht enträtseln konnten.

Wir haben vorher schon angedeutet, wie kontraintuitiv die Quantenphysik ist. Es braucht viel, um sie zu verstehen, und ab und zu muss man einfach mit den Schultern zucken.

Die vierte Quantenzahl – der Spin – setzt dem Ganzen die Krone auf: Normalerweise auf Elektronen angewandt, spielt sie eine Rolle für alle Elementarteilchen. Dabei klingt „Spin" erst einmal täuschend einfach und Teilchen können entweder ganzzahlige Spin-Werte besitzen (diese Teilchen nennen wir Bosonen), oder halbzahlige Spin-Werte wie $^1/_2$, $^3/_2$ oder $^5/_2$ (diese Teilchen nennen wir Fermionen). Elektronen besitzen halbzahlige Spin-Werte von entweder $+^1/_2$ oder $-^1/_2$, wobei das positive oder negative Vorzeichen einer Drehrichtung „im Uhrzeigersinn" oder „gegen den Uhrzeigersinn" entspricht. Doch wie kann sich etwas „halb drehen"?

Tatsächlich dreht sich ein Elektron gar nicht! Der österreichische Physiker Wolfgang Pauli (1900–1958) legte im Jahr 1925 den theoretischen Grundstein, als er feststellte, dass Elektronen eine zusätzliche Quantenzahl benötigen, um einige ihrer Eigenschaften erklären zu können. Und diese Quantenzahl musste mit ihrem Drehimpuls zusammenhängen – dem Impuls von etwas, das sich um die eigene Achse dreht oder um etwas anderes rotiert. Doch Elektronen tun weder das eine noch das andere. Sie können es einfach nicht. Mit einem Durchmesser von 10^{-14} Metern und einer Masse von $9{,}1 \times 10^{-31}$ Kilogramm ist ein Elektron winzig. Um einen Drehimpuls, wie er von der Quantenzahl **s** beschrieben wird, zu generieren, müsste sich ein Elektron in zehnfacher Lichtgeschwindigkeit um die eigene Achse drehen, was unmöglich ist, da sich nichts schneller als das Licht bewegen kann.

Die niederländisch-amerikanischen Physiker Samuel Goudsmit (1902–1978) und George Uhlenbeck (1900–1988) entwickelten Paulis Ideen weiter und kamen zu dem Schluss, dass der Spin der beste Weg war, um zu erklären, was ihnen die Theorie sagte, auch wenn sich ein Elektron in Wirklichkeit gar nicht drehte.

Letztendlich haben Physiker diesen Widerspruch als eine Art intrinsischen Drehimpuls abgetan, den Teilchen eben besitzen, obwohl sie sich gar nicht drehen. Wenn du eine Erklärung für diese Unmöglichkeit findest, würdest du sicher den Nobelpreis gewinnen.

DER QUANTENSPIN

Elektronen erwecken den Anschein, sich zu drehen: Sie besitzen einen Drehimpuls und übermitteln ein magnetisches Moment, genauso wie man es von einer rotierenden elektrischen Ladung erwarten würde. Nichtsdestotrotz sagen uns die Gesetze der Physik, dass es unmöglich ist, dass sich Elektronen tatsächlich drehen; sie stehen still. Wie wir dieses Verhalten der Elektronen auf Quantenebene mit der physikalischen Realität zusammenbringen, spiegelt im Kleinen all die Debatten darüber wider, was die Quantenphysik wirklich bedeutet.

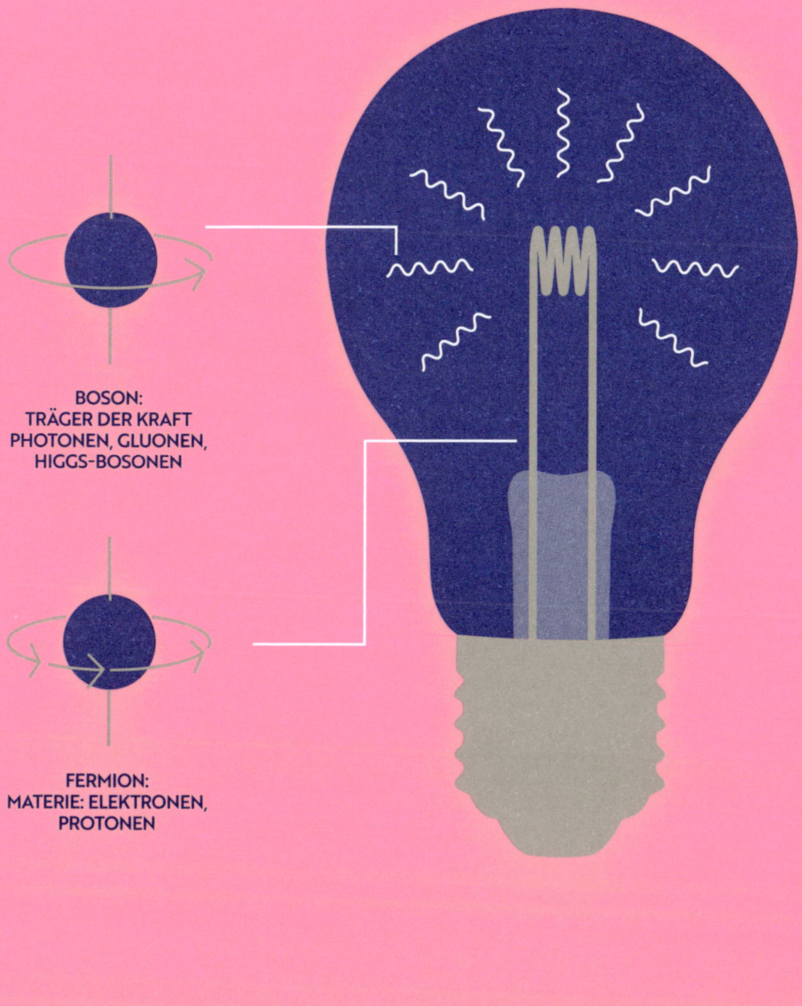

Können wir uns bei einem Elektron sicher sein?

→ Die Wellenfunktion sagt aus, dass wir uns nie sicher bei irgendetwas sein können – bestenfalls können wir Wahrscheinlichkeiten zuordnen. Laut der Unschärferelation können wir nie den Impuls und den Ort eines Elektrons gleichzeitig kennen.

Die Unschärferelation des deutschen Physikers Werner Heisenberg (1901–1976) sagt uns, dass wir nie den Impuls und den Ort eines Teilchens zur gleichen Zeit mit Sicherheit bestimmen können. Je genauer wir das eine kennen, desto weniger lässt sich über das andere sagen. Das bedeutet, dass wir nie mit großer Genauigkeit sagen können, wo sich ein Elektron um den Atomkern befindet. Ein besseres Bild bietet die Vorstellung, dass sich das Elektron in einer Wolke aus Wahrscheinlichkeiten statt auf einer akkuraten Umlaufbahn um den Kern befindet.
Die Energieniveaus beziehungsweise Schalen rund um den Atomkern haben wir bereits kennengelernt: Die Schale mit der niedrigsten Energie wird K-Schale genannt, die nächste L-Schale, darauf folgt die M-Schale und so weiter. Wir wissen auch, dass diese Schalen mit der Quantenzahl **n** übereinstimmen, sodass bei K **n** = 1 ist, bei L **n** = 2 und so weiter. Nun zeigt sich, dass die Schalen an sich auch eine Art eigene Struktur besitzen: Jede Schale besteht aus einer gewissen Anzahl Unterschalen. Während die K-Schale eine Unterschale „1s" besitzt, finden sich in der L-Schale zwei Unterschalen „2s" und „2p". Die M-Schale besitzt drei Unterschalen – „3s", „3p" und „3d" – und so weiter. Jede dieser Unterschalen ist wiederum weiter unterteilt, in die sogenannten Orbitale, auf denen jeweils bis zu zwei Elektronen sitzen können.
Durch diese Orbitale zeigen sich außerdem die anderen Quantenzahlen: Aus jedem Orbital folgen andere Werte von **l** und **m**, wodurch die Form und die Ausrichtung um eine bestimmte Achse festgelegt wird. In Kombination ergeben sich Orbitale verschiedener Formen und Neigungen zueinander um einen Kern. Je größer der Wert von **l** ist, desto komplexer ist das Orbital geformt. Erinnern wir uns jedoch an Heisenbergs Unschärferelation: Es ist unmöglich, mit Sicherheit zu sagen, wo sich ein Elektron befindet. Die Orbitale sind Erscheinungsformen der Wellenfunktion eines Elektrons und beschreiben die Wahrscheinlichkeit, mit der ein Elektron an einer bestimmten Position auf dem Orbital gefunden werden kann. Das bedeutet, dass Elektronen ständig von einer Position zur anderen flitzen und es unmöglich ist, sie festzuhalten. Diese Verschwommenheit – diese Unschärfe – ist der Grund dafür, weshalb wir von einer „Elektronenwolke" sprechen.

DIE ELEKTRONENORBITALE DES WASSERSTOFFATOMS

*Hier sehen wir die verschiedenen Formen und Ausrichtungen der möglichen Beobachtungen von Elektronen eines Wasserstoffatoms. Jedes Bild zeigt ein mögliches Orbital für verschiedene Kombinationen der Quantenzahlen **n**, **l** und **m**.*

Ist Chemie ohne Quantenphysik möglich?

→ Die gesamte Grundlage der Chemie – Molekülverbindungen, Ionisation und so weiter – wäre vollkommen unmöglich ohne das Pauli-Prinzip, das die Elektronen auf ihren Bahnen hält.

Auf das Konzept des Spins kam Wolfgang Pauli ursprünglich aufgrund einer Beobachtung, die er in den Elektronenschalen eines Atoms machte: Er erkannte, dass die Anzahl der Elektronen in einer vollen Schale (zwei in der K-Schale, acht in der L-Schale und so weiter) genau der Anzahl der möglichen Kombinationen der Elektronen-Quantenzahlen in dieser Schale entsprach. Die direkte Folge daraus ist, dass nie zwei Elektronen mit identischen Quantenzahlen auf derselben Schale existieren können. Und hier kam dann der Spin ins Spiel, denn Pauli benötigte eine zusätzliche Quantenzahl, um Elektronen voneinander zu unterscheiden. Wenn sich ein Elektron mit denselben Quantenzahlen wie ein bereits vorhandenes Elektron auf eine Schale setzen möchte, wird es in eine Schale mit höherer Energie gezwungen; es wird ausgeschlossen. Daher wird das Pauli-Prinzip auch manchmal Pauli-Verbot oder paulisches Ausschlussprinzip genannt. Doch was hat das mit Chemie zu tun? Würde es das Pauli-Prinzip nicht geben, könnten sich alle Elektronen in die energetisch niedrigste Schale drängen, wo sie am stabilsten sind. Doch die Chemie funktioniert aufgrund der Eigenschaften der äußeren Elektronenschale eines Atoms – zum Beispiel bei der Bildung kovalenter und ionischer Bindungen zwischen Molekülen. Ohne das Pauli-Prinzip gäbe es keine äußeren Schalen, keine Bindungen zur Bildung von Molekülen und es wäre unmöglich, Atome zu ionisieren. Kurz gesagt: Das Pauli-Prinzip verhindert den Kollaps der Elektronenschalenstruktur. Doch das Pauli-Prinzip gilt nicht nur für Elektronen, sondern auch für andere Fermionen wie Protonen und Neutronen. Deutlich wird das in extremen Situationen, zum Beispiel wenn Materie unter enormem Druck zusammengepresst wird, wie im Kern eines Neutronensterns.

DAS PAULI-PRINZIP

Gemäß dem Pauli-Prinzip können Elektronen mit identischen Quantenzahlen nicht auf derselben Atomschale existieren. Das verhindert, dass sich alle Elektronen auf der innersten Schale ansammeln, was eine wahre Katastrophe für die Chemie wäre. Denn sie basiert darauf, dass Elektronen auch auf der äußersten Schale zu finden sind. Diese Schalen kann man sich wie ein Kartenset vorstellen: In einem Set gibt es jede Karte nur einmal (abgesehen von den Jokern), sodass beispielsweise die Karo-Drei nie zweimal darin vorkommen kann.

Spielt Antimaterie eine Rolle?

→ Sie spielte eine gewaltige Rolle in der Zeit nach dem Urknall! Wäre damals nämlich genauso viel Antimaterie wie Materie vorhanden gewesen, hätten sie sich annihiliert und das Universum wäre mit Strahlung angefüllt. Glück für uns, dass es da ein kleines Ungleichgewicht gab!

Mithilfe der Schrödingergleichung lässt sich die Wellenfunktion eines Teilchens berechnen, wenn dieses Teilchen eine stehende Welle in Ruhe ist. In der Realität bewegen sich Teilchen jedoch häufig mit Geschwindigkeiten nahe der Lichtgeschwindigkeit. Was man brauchte, war also eine relativistische Wellenfunktion, die auch Einsteins Spezieller und Allgemeiner Relativitätstheorie nicht widersprach.
Die Ersten, die bei diesem schwierigen Thema Fortschritte machten, waren der schwedische Physiker Oskar Klein (1894–1977) und der deutsche Physiker Walter Gordon (1893–1939). Sie entwickelten eine relativistische Gleichung für Teilchen mit einem Quantenspin von Null. Ihr Ansatz war clever, doch gab es keine praktische Anwendung, denn zu dieser Zeit war kein Teilchen mit einem Quantenspin von Null bekannt (das erste Teilchen dieser Art, das Higgs-Boson, wurde erst im Jahr 2012 entdeckt). 1928 gelang dem englischen Physiker Paul Dirac (1902–1984) der entscheidende Durchbruch: Er entwickelte eine relativistische Wellengleichung für Fermionen mit halbzahligem Spin, wie zum Beispiel Elektronen.
Allein schon für die Herleitung einer relativistischen Wellengleichung hätte Dirac im Jahr 1933 vermutlich den Nobelpreis für Physik gewonnen, doch seine Gleichung konnte noch mehr: Sie sagte die Existenz von Antimaterie voraus. Ähnlich wie die einfache Gleichung $\mathbf{x}^2 = 4$ zwei Lösungen für $\mathbf{x}$ hat, nämlich +2 und −2, erkannte Dirac, dass auch seine Gleichung zwei mögliche Lösungen besaß. Für jedes Teilchen im Standardmodell der Physik – quasi der Familienstammbaum aller bekannten Teilchen – sagte Dirac die Existenz eines Antiteilchens voraus, das in jeder Hinsicht identisch ist, jedoch eine entgegengesetzte elektrische Ladung besitzt. Und nur wenige Jahre später – 1932 – wurde das erste Antimaterieteilchen entdeckt: das Positron als positiv geladenes Gegenstück zum negativ geladenen Elektron.
Materie und Antimaterie sollten beim Urknall eigentlich in gleicher Menge entstanden sein. Doch in unserem heutigen Universum übertrifft die Anzahl der Materieteilchen die der Antimaterieteilchen um eine Milliarde zu eins. Die Erklärung dafür gehört zwar auch heute noch zu den größten Rätseln der Kosmologie, doch wir können von Glück sagen, dass es so ist, denn wenn Materie und Antimaterie aufeinandertreffen, vernichten sie sich gegenseitig und setzen dabei enorme Energiemengen frei.

EXPLOSIVE GEGENSÄTZE

Antimaterie ist eine Form von Materie, die das exakte Gegenteil von „normaler" Materie ist: Ein Antimaterieteilchen hat genau dieselben Eigenschaften wie ein Materieteilchen, jedoch mit entgegengesetzter elektrischer Ladung. Dieser winzige Unterschied genügt, um eine Annihilation auszulösen, wenn Materie und Antimaterie aufeinandertreffen: Sie vernichten sich gegenseitig und wandeln ihre Masse in pure Energie in Form von Photonen um. Eigentlich sollte das Universum weder Materie noch Antimaterie bevorzugen, doch aus bislang unbekannten Gründen wurde beim Urknall mehr Materie als Antimaterie erzeugt.

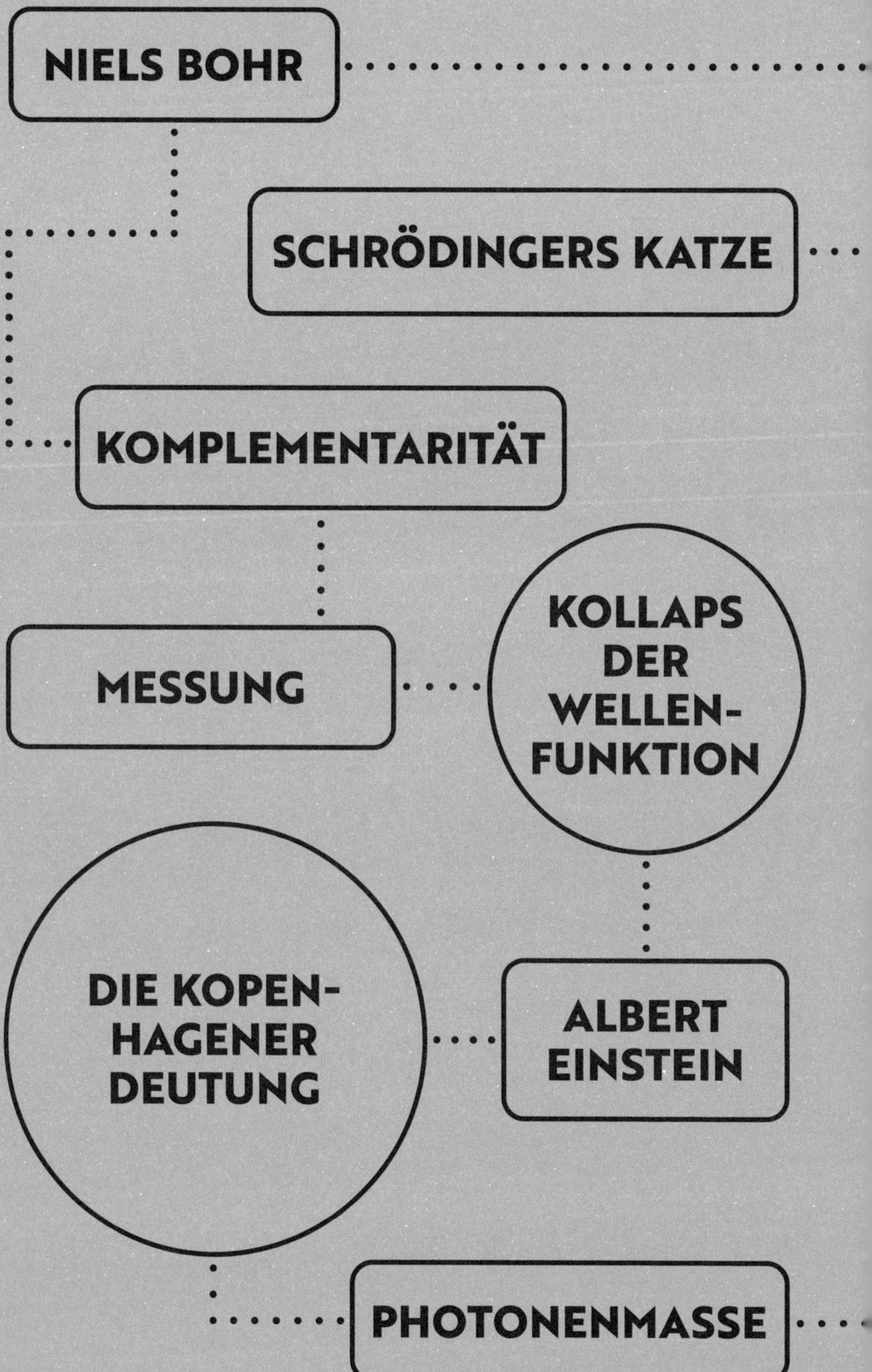
NIELS BOHR
SCHRÖDINGERS KATZE
KOMPLEMENTARITÄT
MESSUNG
KOLLAPS DER WELLEN-FUNKTION
DIE KOPEN-HAGENER DEUTUNG
ALBERT EINSTEIN
PHOTONENMASSE

KAPITEL 3

QUANTEN-DEBATTE

DEKOHÄRENZ

EPR-PARADOXON

VERSCHRÄNKUNG

QUANTEN-FELDER

ELEKTROMAGNETISMUS

ÜBER DIESES KAPITEL

Manchmal gibt die Physik eine schöne, eindeutige Antwort. So wurde das Higgs-Boson, das allem Masse verleiht, 2012 zweifelsfrei nachgewiesen, nachdem es bereits im Jahr 1964 vorhergesagt worden war. Oder die erste Messung von Gravitationswellen im Jahr 2015: Sie bestätigte eindeutig eine Vorhersage, die **ALBERT EINSTEIN** 100 Jahre zuvor, im Jahre 1915, in seiner **ALLGEMEINEN RELATIVITÄTSTHEORIE** getroffen hatte. Doch die Quantenphysik ist nicht gerade auf klare Antworten spezialisiert. Selbst ihr Grundstein – das Konzept der Wellenfunktion – und seine Bedeutung werden bis heute leidenschaftlich diskutiert.

Die prominenteste Meinungsverschiedenheit gab es zwischen **NIELS BOHR** und Einstein. Bohr, ein dänischer Physiker der Universität Kopenhagen und einer der Gründerväter der Quantentheorie, war der Vorkämpfer der flügge werdenden Quantenphysik-Gemeinschaft. „Flügge" deshalb, weil das Forschungsfeld in den 1920er-Jahren noch in den Kinderschuhen steckte – doch es zog bereits die größten Köpfe an. So fanden sich bei einer heute als wegweisend geltenden Konferenz 1927 in Brüssel unter anderem Bohr, Max Born, Arthur Compton, Marie Curie, Louis de Broglie, Paul Dirac, Einstein, Hendrik Lorentz, Wolfgang Pauli, Max Planck und Erwin Schrödinger zusammen. Von den insgesamt 29 Teilnehmern waren oder wurden später 17 Nobelpreisträger.

Beeindruckend, ohne Frage. Doch bei so vielen großen Egos waren Meinungsverschiedenheiten vorprogrammiert, selbst unter Freunden. Bohr glaubte, dass die Erklärung der Wellenfunktion in der **KOMPLEMENTARITÄT** liege. Dieses Prinzip besagt, dass die Natur selbst durch gegensätzliche Eigenschaften definiert wird, die nicht gleichzeitig gemessen werden können – ganz im Sinne der **HEISENBERGSCHEN UNSCHÄRFERELATION**. Messen wir die Position eines Teilchens, können wir seinen Impuls nicht bestimmen, und wenn wir seinen Impuls messen, hat sich währenddessen sein Ort schon wieder verändert. Und ob unsere **MESSUNG** zeigt, dass es eine Welle oder ein Teilchen ist, spiele keine Rolle, denn es sei beides zur selben Zeit, sagte Bohr. Denn wir sehen genau das, worauf unsere Experimente ausgelegt sind. Wellen- und Teilchenverhalten sind komplementär und beide sind nötig, um ein vollständiges Bild zu erhalten, doch wir können nie beides gleichzeitig wissen oder etwas als Teilchen oder Welle zur selben Zeit messen.

Einstein widersprach dieser Ansicht, da er der Meinung war, sie führe zu dem Schluss, dass das Universum **ZUFÄLLIG** agiere und dass klassische Prinzipien wie **URSACHE UND WIRKUNG** verletzt würden. Besonders deutlich wurde das beim Paradoxon der **VERSCHRÄNKUNG**: Wenn zwei Teilchen in einer quantenmechanischen Superposition erzeugt werden, haben sie identische Quantenzustände. Wird der Zustand des einen Teilchens gemessen, ist der des anderen auch sofort definiert – selbst, wenn es sich auf der anderen Seite des Universums befindet, jenseits der Reichweite von Informationen, die sich nur mit **LICHTGESCHWINDIGKEIT** ausbreiten können. Einstein nannte dieses Phänomen **„SPUKHAFTE FERNWIRKUNG"**. Auch **ERWIN SCHRÖDINGER**, der das Konzept der Wellenfunktion entwickelte, hatte Schwierigkeiten mit Bohrs Ideen. Sein berühmtes Gedankenexperiment, **SCHRÖDINGERS KATZE**, sollte eigentlich verdeutlichen, wie paradox die Quantenmechanik geworden war. Stattdessen wurde es zu einem ihrer bekanntesten Beispiele.

Bohrs Sichtweise, bekannt als die **KOPENHAGENER DEUTUNG**, erlangte die größte Zustimmung und ist bis heute die beliebteste Erklärung – wenn man sie denn so nennen kann. Die Quantenphysik geht derart gegen jegliche Intuition, dass wir sie vielleicht nie vollständig begreifen werden.

QUANTENDEBATTE – EINE ÜBERSICHT

GRAVITATION

ALBERT EINSTEIN (1879–1955)

Er war einer der größten Physiker, die je gelebt haben, entwickelte die Relativitätstheorie und erklärte den fotoelektrischen Effekt.

ALLGEMEINE RELATIVITÄTSTHEORIE
Laut ihr sind Masse und Energie die zwei Seiten ein und derselben Münze und die Gravitation kann Raum und Zeit verformen.

VERSCHRÄNKUNG

Zwei gemeinsam erschaffene Teilchen können denselben Quantenzustand besitzen. Man sagt, sie sind verschränkt.

THEORIEN

SPUKHAFTE FERNWIRKUNG
Egal, wie weit entfernt voneinander zwei verschränkte Teilchen sind: Wird der Quantenzustand des einen Teilchens gemessen, ist der des andern Teilchens sofort bekannt.

URSACHE UND WIRKUNG
Dabei handelt es sich um eine vernunftgesteuerte Sicht auf die Welt um uns herum, laut der es zu jeder Aktion eine gleichgroße entgegengesetzte Reaktion gibt – außer, scheinbar, in der Quantenphysik.

EINSTEIN-PODOLSKY-ROSEN-PARADOXON (EPR)
Das Wissenschaftler-Trio lehnte sich gegen die orthodoxe Denkweise auf und wies darauf hin, dass die Quantenverschränkung gegen das Prinzip von Ursache und Wirkung verstößt.

LICHTGESCHWINDIGKEIT
Mit 299.792.458 Metern pro Sekunde ist die Lichtgeschwindigkeit die ultimative Geschwindigkeitsgrenze im Universum. Bei der Quantenverschränkung scheint es jedoch, als würden Informationen schneller als mit Lichtgeschwindigkeit übertragen.

ELEKTROMAGNETISMUS
Die Theorie des Elektromagnetismus, entwickelt von James Clerk Maxwell, beschreibt Licht als schwingende elektromagnetische Felder, deren Trägerteilchen die Photonen sind.

GEIGERZÄHLER
Dabei handelt es sich um ein Gerät, mit dem Strahlung gemessen wird, indem die Teilchen, die eine radioaktive Substanz aussendet, gezählt werden. Es spielt eine Schlüsselrolle im Gedankenexperiment von Schrödingers Katze.

EIGENSCHAFTEN

DEKOHÄRENZ
Wenn quantenverschränkte Teilchen mit ihrer Umgebung interagieren, weitet sich ihre Verschränkung auf diese Umgebung aus und die ursprüngliche Verbindung geht verloren.

NIELS BOHR (1885–1962)

Er zählt zu den größten Physikern des frühen 20. Jahrhunderts, war Vorreiter der Quantentheorie und seine Interpretation der Quantenphysik gilt auch heute noch als die bevorzugte.

DIE KOPENHAGENER DEUTUNG

Benannt nach Bohrs Alma Mater beschreibt die Kopenhagener Deutung, wie die Messung an einem Teilchen dessen Wellenfunktion in konkrete Werte kollabieren lässt.

ZUFÄLLIGKEIT
Bis eine Wellenfunktion gemessen wird, beinhaltet sie eine Bandbreite aller möglichen Werte. Sobald sie kollabiert, nimmt sie zufällige Werte an.

MESSUNG
Darunter versteht man eine wissenschaftliche Beobachtung, mit der Eigenschaften eines Systems bestimmt werden sollen. In der Kopenhagener Deutung spielt die Messung eine Schlüsselrolle bei der Festlegung solcher Eigenschaften.

KOMPLEMENTARITÄT
Dahinter steckt eine zentrale Idee der Kopenhagener Deutung, nach der die Quantenwelt aus komplementären Eigenschaften besteht, die wir nicht gleichzeitig messen können.

SCHRÖDINGERS KATZE
Bei diesem Gedankenexperiment wird eine Katze zusammen mit einer Giftampulle in einer Box platziert. Die Wellenfunktion der Katze beschreibt sie dann als tot und lebendig, bis wir nachschauen.

Wie kann ein Teilchen eine Welle sein?

→ Das Universum ist, was wir daraus machen – im wahrsten Sinne des Wortes. Laut Niels Bohr hängt es vollständig von unserer Messmethode ab, ob wir ein Teilchen oder eine Welle sehen. Laut ihm habe das nichts mit einer fundamentalen Wahrheit der Natur zu tun.

Im Jahr 1927 vertrat Niels Bohr ein Konzept namens Komplementarität, das mit der heisenbergschen Unschärferelation zusammenhängt. Hinter der Komplementarität steckt die Idee, dass die Quantenwelt aus gegensätzlichen Eigenschaften besteht, die wir nicht zeitgleich messen können. Das können wir uns wie ein zweiseitiges Display vorstellen, dessen eine Seite die eine Hälfte eines Bildes zeigt, und auf der anderen Seite sehen wir die andere Hälfte. Oh, und das Bild verändert sich ständig. Dann ist es unmöglich, beide Hälften des Bildes zur selben Zeit zu sehen, da wir das Display immer umdrehen müssen, und während wir das tun, hat sich das Bild schon wieder verändert. Die wahre Natur der Realität besteht aus gegensätzlichen Wellen- und Teilcheneigenschaften, doch wir können immer nur eine davon messen.

Des Weiteren beeinflusst laut Bohr der Akt der Messung selbst, wie wir die Quantenwelt sehen: Sehen wir ein Teilchen, das sich wie eine Welle verhält – so wie in Youngs Doppelspaltexperiment – liegt das daran, dass das Experiment darauf ausgerichtet ist, wellenartiges Verhalten zu sehen. Sehen wir hingegen ein Teilchen, das sich wie ein Teilchen verhält, liegt das daran, dass es durch das Experiment vorgegeben ist. Anders ausgedrückt: Die Art und Weise, wie wir ein Quantensystem vermessen, gibt vor, wie wir die Ergebnisse interpretieren – ob als Teilchen oder als Welle. Nehmen wir eine Messung vor, kollabiert die Wellenfunktion, und in welche Richtung sie kollabiert, hängt von der Art und Weise unserer Messung ab.

Ob er die Wellenfunktion für ein reales physikalisches Etwas hielt, dazu äußerte sich Bohr nicht, doch sein Modell setzte sich in der Quantenphysik durch. Heute nennen wir es die Kopenhagener Deutung, benannt nach dem Standort von Bohrs Alma Mater.

Die Quintessenz von Bohrs Interpretation ist, dass es nicht möglich ist, die Quantenrealität von der Messung zu unterscheiden. In gewisser Weise ist es also subjektiv, ob wir eine Welle oder ein Teilchen entdecken, nicht objektiv. Wie wir später sehen werden, machten sich einige der größten Wissenschaftler der Welt aufgrund dieser Tatsache große Sorgen.

GEGENSÄTZLICHE PAARE

Laut der heisenbergschen Unschärferelation können wir niemals die Position und den Impuls eines Teilchens gleichzeitig wissen. Niels Bohr nahm diesen Umstand in sein Modell der Quantenkomplementarität so auf, dass Eigenschaften wie der Ort und der Impuls gegensätzlich sind: Beide sind zwar nötig, um ein Quantensystem vollständig zu verstehen, doch können sie nie zur selben Zeit bekannt sein.

POSITION

IMPULS

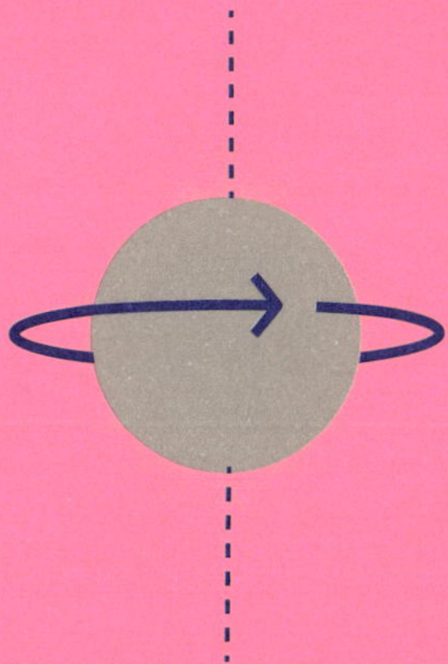

SPIN

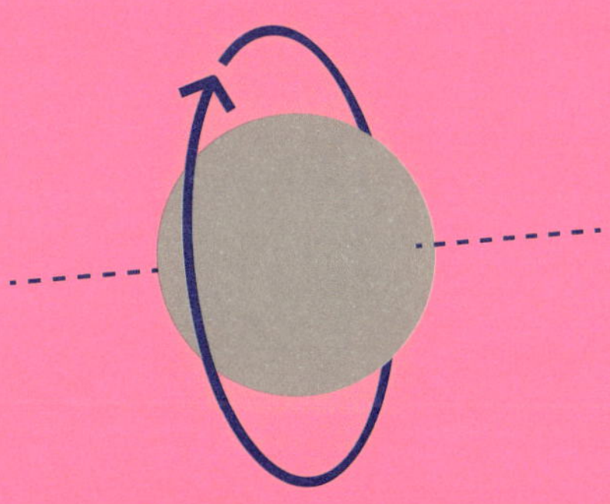

SPIN

Was passiert, wenn wir eine Messung vornehmen?

→ Die Wellenfunktion kollabiert. Doch das ist nicht so schlimm, wie es klingt. Aus dem Kollaps entsteht Gewissheit, wobei die Rolle des Beobachters noch zur Diskussion steht.

Wenn eine Wellenfunktion die statistische Wahrscheinlichkeit beschreibt, mit der ein Teilchen eine ganz bestimmte Position oder einen Impuls innerhalb eines möglichen Bereichs von Werten besitzt: Was passiert dann, wenn wir tatsächlich die Position oder den Impuls des Teilchens messen? Klar, die heisenbergsche Unschärferelation besagt, dass wir nicht beides gleichzeitig kennen können. Ist erst einmal eine Messung gemacht, ist die Wellenfunktion, wie man sagt, kollabiert. Doch was genau das bedeutet, ist Interpretationssache. Bohrs Prinzip der Komplementarität sagt, dass die Messung eines Quantenzustands eines Teilchens von unserem Instrument und somit vom Beobachter abhängig ist.

Wir können sagen, dass die Messung eines Quantenzustands diesen von einem Zustand aus vielen verschiedenen Möglichkeiten auf einen Zustand der Gewissheit reduziert. Man kann sich vorstellen, dass wir unsere Informationen über diesen Quantenzustand gewissermaßen „updaten“: Vor der Messung wissen wir nur, dass es eine Spannbreite an möglichen Ergebnissen gibt. Diese reduzieren wir auf ein einziges Ergebnis, sobald wir eine Messung vornehmen.

Eine alternative Erklärung ist, dass die Welle tatsächlich real ist und dass beispielsweise ein Elektron so lange als Welle „ausgebreitet“ existiert, bis wir seine Position messen. Dann kollabiert seine Wellenexistenz und wird zur Teilchenexistenz. Wo genau wir dieses Teilchen finden, hängt vom Zufall ab, der durch die Wahrscheinlichkeiten der Wellenfunktion bestimmt wird – oder „Glück“, wenn man es lieber so sehen will.

Beiden dieser Erklärungen ist gemein, dass die anderen Möglichkeiten, die die Wellenfunktion beschreibt, einfach „verschwinden“. Doch eine dritte, alternative Erklärung gewinnt zunehmend an Popularität: Laut ihr werden alle diese Möglichkeiten irgendwo tatsächlich real. Man spricht daher auch von der Viele-Welten-Interpretation und wie wir später sehen werden, ist sie hochkontrovers, da sie das Konzept eines Multiversums impliziert.

QUANTEN-KOLLAPS

Bis wir eine Quanteneigenschaft eines Teilchens gemessen haben, gibt es viele Optionen und nichts ist gewiss. Nehmen wir beispielsweise den Ort eines Teilchens: Bis wir ihn kennen, könnte sich das Teilchen überall entlang der Wellenfunktion aufhalten, wobei die größte Wahrscheinlichkeit besteht, es auf dem Wellenberg zu finden. Führen wir jedoch eine Messung durch, kollabiert die Wellenfunktion und der Ort des Teilchens wird offenbart.

Worüber stritten sich Bohr und Einstein?

→ Zwei der größten Physiker des 20. Jahrhunderts hatten völlig gegensätzliche Ansichten zur Natur der Realität aus Sicht der Quantenmechanik – gute Freunde blieben sie trotzdem.

Damit das klar ist: Albert Einstein und Niels Bohr waren sehr gute Freunde. Als zwei der führenden Physiker vor dem Zweiten Weltkrieg pflegten sie eine herzliche, respektvolle Beziehung – fast schon eine „Bromance". Und so waren beide überglücklich, als sie den Nobelpreis für Physik im selben Jahr erhielten (1922, wobei Einstein seinen Preis eigentlich 1921 hätte bekommen sollen). In ihren Interpretationen der Quantenphysik waren sie sich jedoch völlig uneins.

Wie wir bereits wissen, basierten Bohrs Ansichten auf dem Konzept der Komplementarität, und er maß den Instrumenten für eine subjektive Messung eines Quantenzustands fundamentale Bedeutung zu. Diese sogenannte Kopenhagener Deutung besagte auch, dass jede Messung rein zufällig ist und dass das Ergebnis genauso sehr von der Natur selbst abhängt, wie davon, wie wir die Messung vornehmen.

Mit dieser Sichtweise konnte sich Einstein jedoch nicht anfreunden. Seine Philosophie war, in jeder Situation nach dem „Warum?" zu forschen, doch laut der Kopenhagener Deutung gab es kein „Warum?"; eine Messung „ist" einfach. Einstein sträubte sich gegen die Idee eines zufälligen Universums, was ihn zum berühmten Ausspruch „Gott würfelt nicht" brachte. Bohr erwiderte darauf: „Hör auf, Gott vorzuschreiben, was er mit seinen Würfeln tun soll."

Bohr und Einstein debattierten in wissenschaftlichen Arbeiten, auf Konferenzen und in populärwissenschaftlichen Artikeln. Einstein sah dabei die Zufälligkeit der Quantenphysik als Zeichen dafür, dass ein entscheidendes Detail fehlte, das das „Warum?" von allem offenbarte. Doch sollte ein solches fehlendes Detail tatsächlich existieren, hat es bisher noch niemand gefunden – und es sieht immer weniger danach aus, dass es existiert.

Obwohl ihre Bewunderung füreinander nie nachließ, hielten Bohr und der Rest der Quantenphysik-Gemeinschaft weiter an der Kopenhagener Deutung fest, während Einstein nie akzeptieren wollte, dass Gott ein Glücksspieler sei.

DIE KOPENHAGENER DEUTUNG

Albert Einstein und Niels Bohr waren zwei der wichtigsten Wegbereiter des neuen Felds der Quantenphysik, doch bei der Interpretation, was uns die Quantenphysik tatsächlich sagt, liefen ihre Ansichten auseinander. Bohrs Kopenhagener Deutung stand im Gegensatz zu Einsteins Überzeugung, nach der ein noch fehlendes Detail die scheinbare Zufälligkeit der Quantenphysik auflösen und einen klaren Weg von der Beobachtung zur Erklärung ermöglichen würde.

Wie viel wiegt ein Photon?

Rein gar nichts – so viel wiegt ein Photon! Zu erklären, warum das so ist, ist allerdings schon deutlich komplizierter und wir betreten die Welt des Elektromagnetismus und der Quantenfelder.

Licht ist schon eine seltsame Sache. Es besitzt Energie und kann sogar einen Impuls übertragen (auf diese Weise funktionieren zum Beispiel Sonnensegel an Raumfahrzeugen). Gleichzeitig ist es masselos, da sein Trägerteilchen – das Photon – keine Masse besitzt.
In den 1860er-Jahren entwickelte der schottische Physiker James Clerk Maxwell (1831–1879) einen Satz von Gleichungen, die schwingende elektrische und magnetische Felder sowie die Geschwindigkeit, mit der sich diese Wellen ausbreiten, beschreiben: die Mathematik des Elektromagnetismus. Da ein Photon eine elektromagnetische Welle ist, können wir Maxwells Gleichungen nutzen, um die Lichtgeschwindigkeit auf 299.792.458 Meter pro Sekunde zu bestimmen.
Doch eine Frage beantworteten die Maxwell-Gleichungen nicht: Wenn Licht eine elektromagnetische Welle ist, wie kann es sich dann durch den leeren Raum bewegen, der kein elektrisches oder magnetisches Feld enthalten sollte?
Die Antwort lautet, dass das elektromagnetische kein klassisches Feld ist, das mit elektrischen Ladungen verbunden ist, wie man damals dachte. Es ist ein Quantenfeld, das das gesamte Universum durchdringt. Wie wir später sehen werden, ist die Quantenfeldtheorie ein essenzielles Werkzeug für Physiker geworden.
Wir können uns ein Quantenfeld als die Quantisierung eines klassischen Feldes vorstellen. Nach der Quantenfeldtheorie definiert das elektromagnetische Quantenfeld die elektromagnetische Kraft in jedem Punkt des Raumes. Dank der Unschärfe des Quantenuniversums besteht außerdem die Wahrscheinlichkeit, dass jeder Punkt des Raumes eine elektromagnetische Feldstärke besitzt. Wissenschaftler sprechen hier von der Vakuumenergie.
Experimente konnten bestätigen, dass das Licht mit der von Maxwell vorhergesagten Geschwindigkeit unterwegs ist und die einzige Möglichkeit, diese ultimative Geschwindigkeitsgrenze zu erreichen, darin besteht, keine Masse zu besitzen, sondern nur Energie (die Relativitätstheorie sagt uns, dass jede Masse bei Lichtgeschwindigkeit ins Unendliche anwachsen würde).

MASSELOSE TEILCHEN

PHOTON

ELEKTRON

PROTON

Das Photon ist ein masseloses Teilchen, das aus reiner elektromagnetischer Energie besteht. Es gibt noch einige wenige andere masselose Teilchen: das Gluon, das Trägerteilchen der starken Kraft, die winzige Teilchen – sogenannte Quarks – verbindet, die wiederum so etwas wie Protonen oder Neutronen im Atomkern bilden, sowie das Graviton. Bei ihm handelt es sich um ein hypothetisches Teilchen, das die Gravitation trägt. Elektronen besitzen eine sehr kleine Masse von $9{,}1 \times 10^{-31}$ Kilogramm und die Masse von Protonen beträgt $1{,}67 \times 10^{-27}$ Kilogramm, was der 1836-fachen Masse eines Elektrons entspricht.

Ist die Quantenphysik „spukhaft"?

Obwohl es natürlich keine Geister in der Quantenphysik gibt, erlaubt sie es Teilchen trotzdem, unheimliche Dinge zu tun, wie zum Beispiel die Quantenverschränkung, die Einstein als „spukhaft" bezeichnete.

Einstein lehnte die Kopenhagener Deutung ab, da sie scheinbar dem Prinzip von Ursache und Wirkung widersprach, das traditionellerweise auf Lokalität und Realismus basiert. Nach dieser Vorstellung beobachten wir ein reales physikalisches System, in dem eine Aktion zu einer nächsten führt. Er betrachtete die Wellenfunktion als eine Art Deckmantel, der um das reale System gelegt ist, und glaubte, dass unser Verständnis der Quantenphysik noch unvollständig sein müsse.

Um diese Schwäche in der Logik der Quantenphysik aufzudecken, erdachten Einstein, der russisch-amerikanische Physiker Boris Podolsky (1896–1966) und der amerikanisch-israelische Physiker Nathan Rosen (1909–1995) das sogenannte EPR-Paradoxon. Darin stellen wir uns ein Teilchen vor, das in zwei Standardteilchen zerfällt – sagen wir: in ein Elektron und ein Positron. Da sie in einem Zustand der Überlagerung, Superposition genannt, entstanden sind, teilen sich das Elektron und das Positron dieselbe Wellenfunktion und man sagt, dass ihre Quantenzustände verschränkt sind. Vermessen wir nun eines der Teilchen und enthüllen seinen Quantenzustand, kennen wir sofort auch den Zustand des anderen Teilchens, selbst wenn sich dieses auf der anderen Seite des Universums befindet. Dieser Umstand, so das Argument von Einstein, Podolsky und Rosen, steht im kompletten Widerspruch zur Lokalität des Ursache-Wirkung-Prinzips, da dieses darauf basiert, dass Informationen mit Lichtgeschwindigkeit übertragen werden. Allem Anschein nach werden Informationen bei der Quantenverschränkung demnach schneller als mit Lichtgeschwindigkeit übertragen.

Einstein nannte diesen Umstand „spukhafte Fernwirkung", doch inzwischen haben Experimente bestätigt, dass die Quantenverschränkung existiert. Das bedeutet allerdings nicht, dass Informationen schneller als das Licht übermittelt werden. Wiederholen wir das Experiment und nehmen nun an, dass zwischen den beiden Teilchen viele Lichtjahre liegen. Messen wir den Quantenzustand eines Teilchens, können wir unser Messergebnis unmöglich an einen Beobachter bei dem anderen Teilchen übermitteln. Dieser Beobachter muss seine eigene Messung durchführen, um den Quantenzustand seines Teilchens in Erfahrung zu bringen. Die Verschränkung verrät uns also lediglich, was der Beobachter messen wird – wir können es ihm jedoch nicht mitteilen, da wir noch immer an die Lichtgeschwindigkeit gebunden sind.

QUANTEN-VERSCHRÄNKUNG

Die Quantenverschränkung beschreibt, wie zwei Teilchen auf eine Messung reagieren, die mit zusammenhängenden Quantenzuständen erzeugt wurden. Sogar wenn die Teilchen durch viele Lichtjahre voneinander getrennt sind: Messen wir den Quantenzustand des einen Teilchens, ist der Zustand des anderen Teilchens sofort festgelegt und seine Wellenfunktion kollabiert, obwohl keine Möglichkeit besteht, dass Informationen zu ihm gelangen konnten.

Können verschränkte Photonen je voneinander getrennt werden?

→ Die Welt da draußen ist der Feind der Verschränkung. Allerdings nicht, weil sie sie zerstört, sondern weil durch Dekohärenz der ursprünglich verschränkte Zustand in all den Interaktionen mit anderen Teilchen verloren geht.

Im Jahr 2017 übertrugen chinesische Wissenschaftler erstmals verschränkte Photonen von einem Satelliten in der Erdumlaufbahn zu zwei 1203 Kilometer voneinander entfernte Bodenstationen, ohne die Verschränkung zu verlieren. Im Jahr 2022 sendeten Physiker der Österreichischen Akademie der Wissenschaften erfolgreich verschränkte Photonen durch ein 248 Kilometer langes Glasfaserkabel und im Jahr 2023 gelang es Forschenden der Universität Innsbruck, zwei verschränkte Calcium-Ionen (Calcium-Atome, denen ein Elektron fehlt, sodass sie eine elektrische Ladung besitzen) einzufangen und ihre Verschränkung aufrechtzuerhalten, obwohl sie 230 Meter voneinander entfernt waren.

Diese Distanzen stellten neue Rekorde auf, denn die Quantenverschränkung ist ein Zustand, der nur schwer zu erhalten ist. Wir erinnern uns daran, was Niels Bohr sagte: Der Quantenzustand eines Teilchens und das Messinstrument, das ihn misst, beeinflussen sich gegenseitig. In der Realität interagiert alles mit allem, was zu sogenannter Dekohärenz führt.

Das Universum besteht nicht aus einem Haufen isolierter Wellenfunktionen, sondern kann vielmehr durch eine riesige Wellenfunktion beschrieben werden. Der amerikanische Physiker Bryce DeWitt (1923–2004) sprach in diesem Zusammenhang leicht übertrieben von der „Wellenfunktion des Universums". In dieser universellen Wellenfunktion sind die Wellenfunktionen aller Dinge überlagert, sodass miteinander verschränkte Teilchen in die Umgebung „eingeflochten" werden. Während die Wellenfunktionen verschränkter Teilchen miteinander in Phase sind, wird diese Kohärenz zerstört, sobald sie mit ihrer Umgebung interagieren, und es entsteht Dekohärenz. Dekohärenz zerstört die Verschränkung jedoch nicht, sondern weitet sie lediglich auf die Umgebung aus. Doch hier entsteht das Problem: Während verschränkte Teilchen mit den anderen Teilchen in der Umgebung interagieren, entstehen neue Verschränkungen, und diese Myriaden von Interaktionen fallen deutlich mehr ins Gewicht als die ursprüngliche Verschränkung. Der originale Quantenzustand geht somit im Rauschen der Umgebung unter. Aus diesem Grund werden in vielen Verschränkungsexperimenten Glasfaserkabel genutzt. Sie bieten eine bessere Abschirmung der Photonen von der Umgebung als beispielsweise bei einer Übertragung durch die Luft.

LANGSTRECKEN-VERSCHRÄNKUNG

Im Jahr 2022 erzeugten österreichische Forscher Paare von verschränkten Photonen und übertrugen sie durch ein 248 Kilometer langes Glasfaserkabel zu zwei Empfangsstationen. Dort wurden die Photonen vermessen und es wurde festgestellt, dass die Verschränkung erhalten geblieben war. Glasfaserkabel schützen somit in gewisser Weise die Verschränkung, indem Dekohärenz durch zu große Interaktion mit der Umgebung verhindert wird und der Quantenzustand der Photonen erhalten bleibt.

Lebt Schrödingers Katze oder ist sie tot?

⟶ Die todgeweihte Katze ist nur so lange lebendig, bis sie tot ist. Ob sie jedoch in diesem Zustand der Quantensuperposition gefangen bleibt, hängt davon ab, wie sie beobachtet wird.

Wir sprechen uns klar gegen Tierquälerei aus, also mach das Folgende bitte nicht zu Hause nach. Bei Schrödingers Katze handelt es sich um ein (ziemlich makabres) Gedankenexperiment, das sich Erwin Schrödinger ausdachte, um gewisse Absurditäten der Quantentheorie zu veranschaulichen. Dabei wird die besagte (hypothetische) Katze zusammen mit einer Ampulle radioaktiven Materials in eine verschlossene Box gesetzt. Der Zerfall des radioaktiven Materials lässt sich nicht vorhersagen; er ist zu einem gewissen Grad zufällig. Doch mit zunehmender Zeit wird ein Zerfallsereignis immer wahrscheinlicher, was mit der Halbwertszeit des Materials zusammenhängt. (Dabei handelt es sich um die durchschnittliche Zeit, in der die Hälfte eines radioaktiven Materials zerfällt.) Zerfällt nun das Material in der Ampulle, setzt es Strahlung frei, die von einem Geigerzähler, der sich ebenfalls in der Box befindet, detektiert wird. Daraufhin wird ein Hammer gelöst, der eine zweite Ampulle zerstört. In dieser befindet sich Gift, das die Katze tötet.

Bis wir die Box öffnen und hineinschauen, wissen wir nicht, ob es ein Zerfallsereignis im radioaktiven Material gab und ob die Katze noch lebt oder bereits tot ist. Aus Sicht der Kopenhagener Deutung, die eher auf der Messung statt auf der Realität beruht, befindet sich die Katze in einem Zustand der Quantensuperposition von Wahrscheinlichkeiten: Sie ist zur selben Zeit tot und lebendig. Hinter dem Gedankenexperiment steht die Frage: Wann genau kollabiert die Wellenfunktion und was ist real und was nicht?

In gewisser Weise ist das Experiment absurd, denn es beruht auf dem menschlichen Bewusstsein als Schiedsrichter, das entscheidet, ob die Wellenfunktion kollabiert ist oder nicht. Bohr argumentierte hingegen, dass die Katze selbst wüsste, ob sie tot oder lebendig ist, und sogar der Geigerzähler wüsste, ob er Strahlung detektiert hat oder nicht. Und beides wäre genug, um die Wellenfunktion kollabieren zu lassen. Das Gedankenexperiment zeigt, wie Wellenfunktionen bis zum Zeitpunkt der Messung gleichzeitig völlig entgegengesetzte Quantenzustände enthalten können. Der Zerfall eines einzelnen radioaktiven Atoms ist dabei ein tolles Beispiel, denn jedes Teilchen, das einem Zerfallsprozess unterliegt, ist im Zustand der Superposition von „ist zerfallen" und „ist nicht zerfallen", bis eine Messung vorgenommen wird, die feststellt, ob der Zerfall stattgefunden hat.

ERWIN SCHRÖDINGER

Geboren im Jahr 1887 in Österreich, spielte Erwin Schrödinger eine Schlüsselrolle in der frühen Entwicklung der Quantenphysik. Er entwickelte nicht nur die Schrödingergleichung, die das Konzept der Wellenfunktion quantifiziert, sondern er führte auch die Idee der Quantenverschränkung ein. Außerdem steckt er hinter Schrödingers Katze, dem Gedankenexperiment, das die vorherrschende Unsicherheit im Reich der Quanten, bevor eine Messung durchgeführt wird, aufzeigt. Schrödinger starb im Jahr 1961.

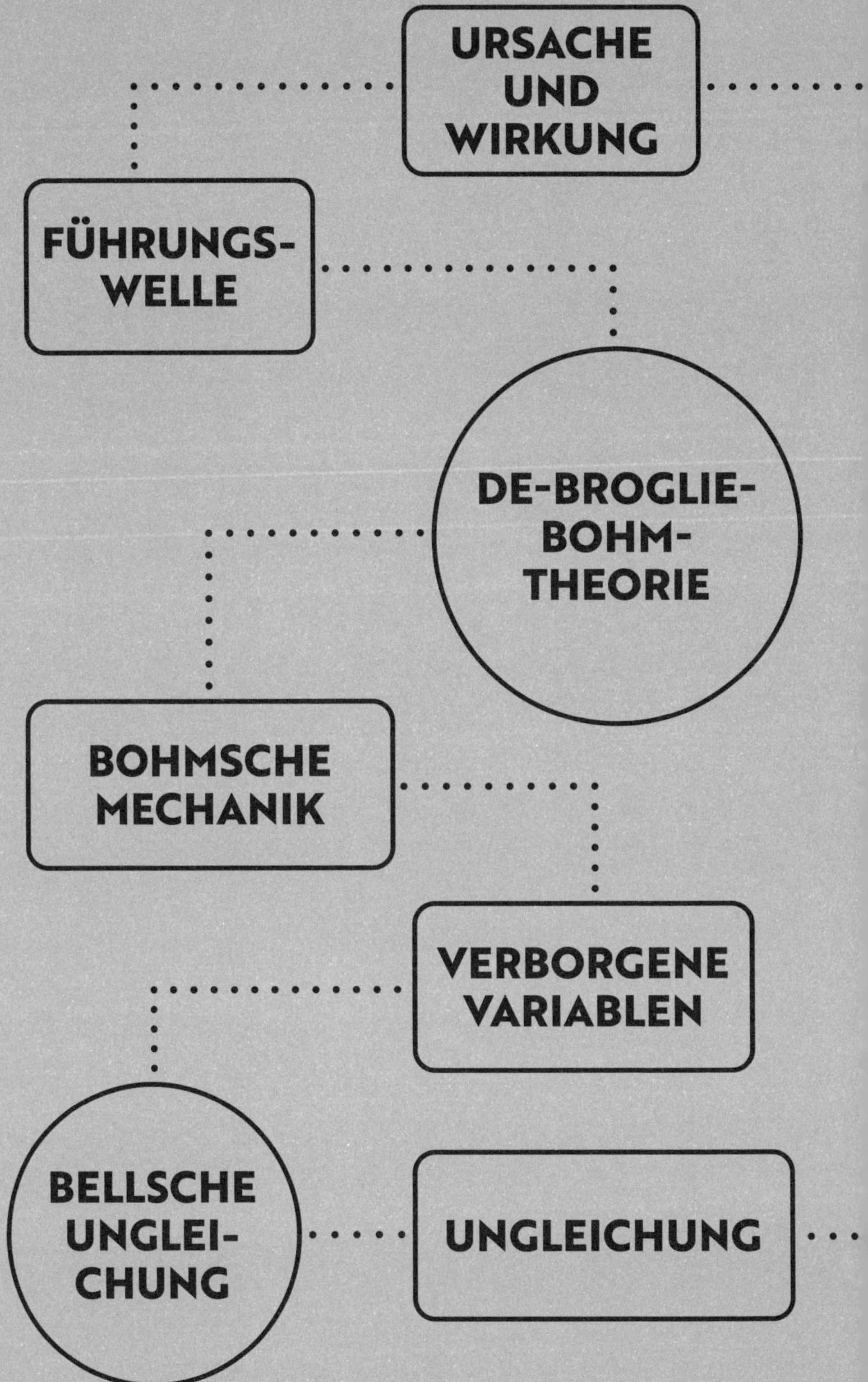

URSACHE UND WIRKUNG
FÜHRUNGS-WELLE
DE-BROGLIE-BOHM-THEORIE
BOHMSCHE MECHANIK
VERBORGENE VARIABLEN
BELLSCHE UNGLEI-CHUNG
UNGLEICHUNG

KAPITEL 4

QUANTEN-TESTS

REALITÄT

BEOBACHTUNG

GHZ-VERSCHRÄNKTER ZUSTAND

POLARISATION

SPUKHAFTE FERNWIRKUNG

ÜBER DIESES KAPITEL

Oft hört man „Aber es ist nur eine **THEORIE**!", wenn Menschen ein wissenschaftliches Konzept ablehnen. Doch viele verwechseln den Begriff „Theorie" mit einer **HYPOTHESE**. Eine Hypothese ist eine Idee und zwar eine sehr clevere; der Vorschlag einer möglichen Erklärung für eine Beobachtung oder ein Messergebnis. Vielleicht erinnerst du dich an den naturwissenschaftlichen Unterricht in der Schule, in dem jedes Experiment mit einer Hypothese begann, die dann mithilfe des Experiments auf ihre Korrektheit geprüft wurde.

Eine korrekte Hypothese, die durch konkrete experimentelle Beweise belegt wurde, ist eine Theorie. Der Klimawandel ist beispielsweise eine Theorie, keine Hypothese, denn es gibt vielfältige Beweise, die ihn belegen und die es Wissenschaftlern ermöglichen, Modelle zu entwickeln.

Die Quantentheorie wurde anhand von Theorien entwickelt – solide, beobachtbare Beweise, die die Existenz von Quanten und den Welle-Teilchen-Dualismus belegen. Die Kopenhagener Deutung war hingegen, als Niels Bohr und seine Kollegen sie in den späten 1920er-Jahren erstmals vorschlugen, noch eine Hypothese. War tatsächlich alles so ungewiss, wie es die Superposition von Wahrscheinlichkeitswellenfunktionen nahelegt? Oder gab es versteckte Informationen, die nur den Anschein erweckten, die Natur sei zufällig, wenn in Wahrheit der Quantenzustand eines Teilchens durch bestimmte verborgene Eigenschaften definiert würde? Albert Einstein, Boris Podolsky, Nathan Rosen und ein weiterer Physiker namens **DAVID BOHM** vertraten letztere Hypothese. David Bohm versuchte, das Konzept der verborgenen Variablen mit dem Welle-Teilchen-Dualismus zu kombinieren und nutzte dazu eine sogenannte **FÜHRUNGSWELLE**, die durch eine **FÜHRUNGSGLEICHUNG** beschrieben wurde.

Um aus der Kopenhagener Deutung eine Theorie zu machen, waren experimentelle Beweise nötig, die eine Vorhersage der Hypothese belegen. Der irische Physiker John Bell entwickelte ein Experiment, mit dem es möglich war, die Vorhersage von verborgenen Variablen gegen die Kopenhagener Deutung zu testen. Die sogenannte **BELLSCHE UNGLEICHUNG** basierte auf einer Menge Statistik und **UNGLEICHHEITEN**. Da das EPR-Paradoxon das „spukhafte" Verhalten von verschränkten Teilchen zeigte, machte auch Bell die Verschränkung zur Basis seines Experiments. Seine Ergebnisse markierten einen Wendepunkt in der Quantenphysik und konnten bisher durch kein anderes Experiment widerlegt werden.

Stattdessen haben moderne Experimente das Rätsel eher noch vertieft. Ein Beispiel: Während die Verschränkung mehrerer Teilchen noch immer schwierig ist, sind im sogenannten **GHZ-EXPERIMENT** drei oder vier Photonen verschränkt und ermöglichen es, die Vorhersage der **VERBORGENEN VARIABLEN** weiter zu testen. Letztendlich erwies sich die Idee der verborgenen Variablen als unzureichend und die Kopenhagener Deutung konnte von ihren Fesseln befreit werden. Heute ist sie die führende Erklärung für die Phänomene der Quantenphysik und zwingt uns, alles zu hinterfragen, was wir über Ursache und Wirkung, die Realität von Messungen, ja sogar über die Realität selbst, zu wissen glauben; was wirklich existiert und was nicht sowie die Rolle des bewussten Beobachters bei all dem. Das ist wirklich eine harte Nuss, also mach dir keine Sorgen, wenn du es nicht verstehst – selbst den besten Wissenschaftlern geht es gegen jegliche Intuition. Doch so scheint das Universum nun mal zu sein.

QUANTENTESTS – EINE ÜBERSICHT

HYPOTHESE

Dabei handelt es sich um eine vorgeschlagene Erklärung, ein Verhalten oder eine Vorhersage, die auf einer Beobachtung oder einer erwarteten Beobachtung basiert.

DIE THEORIE VON JOHN BELL
Der irische Physiker John Bell entwickelte ein Experiment, mit dem sich die bohmsche Mechanik und die Kopenhagener Deutung vergleichen ließen.

BELLSCHE UNGLEICHUNGEN
Die Theorie von John Bell beruht auf Ungleichungen, an die sich verborgene Variablen – sofern es sie wirklich gibt – halten müssten. Bell fand jedoch keine Beweise für deren Existenz.

GHZ-VERSCHRÄNKTER ZUSTAND
Dabei handelt es sich um ein System von drei oder vier verschränkten Photonen, mit dem die Existenz verborgener Variablen ebenfalls überprüft werden kann.

POLARISATION
Sie beschreibt die Richtung der Schwingung von Wellen und wird im GHZ-Experiment verwendet, indem die Polarisation der verschränkten Photonen gemessen wird.

VARIABLEN

THEORIE

So nennt man die vollständige Beschreibung einer Beobachtung und des zugrundeliegenden Verhaltens, das sie verursacht, basierend auf beobachtbaren und theoretischen Beweisen.

BEWEIS

VERBORGENE VARIABLEN
Dabei handelt es sich um hypothetische Eigenschaften eines Quantenzustands, die Informationen mit sich tragen, mit denen das Prinzip von Ursache und Wirkung in einer Verschränkung erhalten bleibt. Bisher gibt es keine Beweise für ihre Existenz.

CERN
Das CERN, kurz für Conseil Européen pour la Recherche Nucléaire, ist die Europäische Organisation für Kernforschung. An der Grenze zwischen Frankreich und der Schweiz betreibt sie den Large Hadron Collider.

FÜHRUNGSWELLE
Mithilfe einer Führungswelle könnten verborgene Variablen kommuniziert werden. Das Konzept wurde zuerst von Louis de Broglie entwickelt und später von David Bohm angepasst.

DAVID BOHM (1917–92)
Er war ein amerikanischer Physiker, der eine Alternative zur Kopenhagener Deutung entwickelte, um deren Zufälligkeit und spukhafte Fernwirkung zu umgehen.

BOHMSCHE MECHANIK
Dieser Begriff fasst die von David Bohm entwickelte Interpretation der Quantenphysik zusammen, die einen Gegenentwurf zur Kopenhagener Deutung darstellt.

DE-BROGLIE-BOHM-THEORIE
Dabei handelt es sich um Bohms Alternative zur Kopenhagener Deutung. Sie besagt, dass Teilchen real und keine Quantenwellen sind und dass ihre verborgenen Variablen durch Führungswellen kommuniziert werden.

FÜHRUNGSGLEICHUNG
Laut der De-Broglie-Bohm-Theorie wird die Geschwindigkeit eines Teilchens durch eine Führungsgleichung bestimmt. Sie ist der mathematische Ausdruck für die Führungswelle.

GLEICHUNGEN

Finden Ursache und Wirkung zurück in die Quantenmechanik?

Die Quantenphysik ohne Ursache und Wirkung ist ein bisschen wie das Henne-Ei-Problem: Was war zuerst da? Das ist alles andere als einfach zu beantworten, weshalb manche Physiker einen großen Bogen darum machen.

Mit ihrem EPR-Paradoxon und der drängenden Behauptung, dass es so etwas wie „verborgene Variablen" geben müsse, die die Informationen über den Quantenzustand eines Teilchens mit sich tragen, sorgten Einstein, Podolsky und Rosen für einigen Trubel. Denn laut der Kopenhagener Deutung ist der Quantenzustand so lange unbestimmt, bis eine Messung vorgenommen wird. Ihre Motivation war dabei, das alltägliche Prinzip von Ursache und Wirkung wiederherzustellen, während die Kopenhagener Deutung es scheinbar außen vor ließ.

Im Jahr 1952 erhielt das EPR-Paradoxon vom amerikanischen Physiker David Bohm (1917–1992) erneuten Schub. Er griff die alte Idee der Führungswelle wieder auf, die der französische Physiker Louis de Broglie (1892–1987) im Jahr 1927 verworfen hatte. Die Führungswelle kann als früher Vorläufer des Konzepts der verborgenen Variablen gesehen werden, wobei die verborgene Variable die Position des Teilchens ist, die von einer tatsächlichen physikalischen Welle geführt wird. De Broglie warf diese Idee über Bord, als er mit ihr keine Erklärung für gewisse physikalische Phänomene geben konnte.

Diesem Umstand war sich Bohm gar nicht bewusst und entwickelte sein eigenes Modell unabhängig von de Broglies Arbeit. Aus diesem Grund sprechen wir heute von der De-Broglie-Bohm-Theorie. Die Theorie besagt, dass Teilchen immer reale Teilchen sind und nicht eine Überlagerung von Quantenwellen, dass ihr wahrer Ort zu jeder Zeit durch eine verborgene Variable festgelegt wird und dass die Geschwindigkeit des Teilchens durch die sogenannte Führungsgleichung bestimmt wird. Diese Gleichung ist die mathematische Formulierung von de Broglies Führungswelle, die sich mit der Zeit gemäß der Schrödingergleichung entwickelt.

Mit anderen Worten: Ein Teilchen weiß genau, wo in Raum und Zeit es sich befindet, doch uns bleibt diese Information verborgen. Bringen wir sie in Erfahrung, hätten wir eine vollständige Beschreibung des Quantenzustands des Teilchens – Unschärfe unnötig.

Bis heute findet die sogenannte bohmsche Mechanik Zuspruch. Doch obwohl sie nicht gänzlich widerlegt wurde, stellt eine Entwicklung in den 1960er-Jahren sie ernsthaft infrage.

DER GEIST DER FÜHRUNGSWELLE

Im Jahr 2005 waren französische Forscher der Meinung, sie hätten Öltröpfchen auf einem vibrierenden Ölbad beobachtet, die aufgrund ihrer Führungswelle ein Interferenzmuster am Doppelspalt erzeugten, wie es de Broglie und Bohm vorhergesagt hatten. Diese Ergebnisse wurden jedoch später angezweifelt und in den Augen einiger Wissenschaftler auch widerlegt – von niemand Geringerem als Niels Bohrs Enkel Tomas und seinem Kollegen Anders Andersen. Sie zeigten, dass es sich nur um experimentelles Rauschen handelte.

Warum vertragen sich lokal verborgene Variablen nicht mit der Quantenmechanik?

→ Obwohl sie im ersten Moment ziemlich vernünftig scheinen, haben verborgene Variablen einen großen Makel: Sie können nicht so gut voraussagen, was wir im realen Leben messen, wie es die Unschärferelation und die Wahrscheinlichkeitswellenfunktionen der Quantenphysik tun.

Im Jahr 1964 stellte der irische Physiker John Bell (1928–1990) das Konzept der verborgenen Variablen mithilfe von Statistik und Wahrscheinlichkeit auf die Probe. Wir erinnern uns: Die Kluft zwischen dem Modell der verborgenen Variablen und der Kopenhagener Deutung ist riesig. Die Existenz von verborgenen Variablen impliziert, dass der Quantenzustand eines Teilchens eindeutig definiert ist, während die Kopenhagener Deutung besagt, dass er sich in Superposition befindet und durch Wahrscheinlichkeiten festgelegt wird, egal, wie die Anfangsbedingungen des Teilchens waren.

Die Grundlage von Bells Überlegungen war eine mathematische Ungleichheit zwischen der Vorhersage des Spins eines Teilchens mithilfe verborgener Variablen und der wahrscheinlichkeitstheoretischen Bestimmung des Spins gemäß der Kopenhagener Deutung. Die Schrödingergleichung ist letztlich eine Beschreibung der Wahrscheinlichkeitsverteilung der Quanteneigenschaften eines Teilchens, hier: des Spins. Das ist vergleichbar mit einem Diagramm: Die x-Achse beinhaltet die möglichen Werte, die der Quantenzustand haben kann, und die y-Achse stellt die Wahrscheinlichkeit für diese Werte dar. Somit gibt es eine Reihe von Werten, die ein Quantenzustand haben kann. Nehmen wir eine einzelne Messung vor, kann das Ergebnis irgendeiner dieser Werte sein. Führen wir jedoch viele Messungen durch, sollten die Ergebnisse der Wahrscheinlichkeitsverteilung entsprechen, wobei ein Wert häufiger vorkommt als andere. Darum spricht Bell auch von Statistik: Statistisch gesehen sollte ein Wert aus der Reihe von möglichen Werten herausstechen.

Wären verborgene Variablen real, so Bell, müsste ihre Vorhersage für den Wert des Quantenspins eines Teilchens und das statistisch wahrscheinlichste Ergebnis der Quantenwelle übereinstimmen. Diesen Umstand fasste er in einer mathematischen Ungleichung zusammen, an die sich verborgene Variablen halten müssten, sofern sie existieren – die sogenannte bellsche Ungleichung. Wir alle kennen Ungleichungen mit „größer als"- und „kleiner als"-Zeichen (> und <).

Bell folgerte, dass verborgene Variablen dieser Ungleichung widersprechen und somit unvereinbar mit der Quantenphysik sein müssen.

VERBORGENE VARIABLEN UND DIE QUANTENUNSCHÄRFE

John Bell war ein irischer Physiker, der eine Methode erfunden hat, ein Quantensystem auf verborgene Variablen zu prüfen, wie sie Einstein & Co. vorgeschlagen hatten. Dieser Test, bekannt als bellsche Ungleichung, leitet sich vom EPR-Paradoxon ab und zeigt schlussendlich, dass verborgene Variablen nicht alle Vorhersagen und Beobachtungen der Quantenphysik erklären können.

Wie lässt sich Bells Theorem überprüfen?

Alice und Bob, zwei erfundene Wissenschaftler, spielen ein Spiel namens „Miss den Spin" bei zwei verschränkten Teilchen, um herauszufinden, ob verborgene Variablen die Realität voraussagen können.

Zahlreiche Experimente stützen Bells Aussage, dass verborgene Variablen und Quantenphysik nicht zusammenpassen. Die Experimente unterscheiden sich dabei zwar in ihren Details, doch wir können sie auf ein allgemeines Beispiel reduzieren, das auf einer Analogie des amerikanischen Physikers Nathaniel David Mermin (*1935) aus dem Jahr 1981 beruht.
Nehmen wir an, dass immer wieder viele Paare verschränkter Spin-$1/2$-Teilchen von der Erde ausgesendet werden: Ein Teilchen jedes Paares reist zu Alice auf einem Planeten um einen fernen Stern, das andere Teilchen reist zu Bob auf einem anderen Planeten um einen anderen fernen Stern.
Alice und Bob bestimmen den Spin jedes Teilchens entlang einer zufällig ausgewählten Spinachse der drei Achsen S1, S2 und S3. Messen beispielsweise beide S2 für dasselbe Teilchen, dann sollte einer das Ergebnis $+1/2$ und die andere $-1/2$ erhalten. Doch wenn Alice S1 misst und Bob S2, kann der Spin für beide derselbe sein.
Nehmen wir jetzt an, dass zusätzlich eine verborgene Variable h im Spiel ist. S1 wird dann zu $+\hbar/2$, S2 zu $+\hbar/2$ und S3 zu $-\hbar/2$ (wir können dafür kurz +, + und – sagen). Dann gibt es acht mögliche Anordnungen dieser Spinachsenmessungen. In zwei dieser Anordnungen erhalten Alice und Bob immer genau entgegengesetzte Ergebnisse (Alice misst $-\hbar/2$ für S1, S2 und S3, Bob misst $-\hbar/2$ für jede Spinachse, oder umgekehrt). Somit bleiben sechs Anordnungen mit gemischten Ergebnissen.
Stellen wir uns ein Szenario vor, in dem Alice und Bob unterschiedliche Spinachsen für ihre Messung wählen, zum Beispiel S1 und S3. Wie hoch ist dann die Chance, dass die gemessenen Spins gegensätzliche Vorzeichen haben? In den übrigen sechs möglichen Anordnungen ist die Antwort $1/2$. Wir können somit sagen, dass die Wahrscheinlichkeit **P**, mit verborgenen Variablen entgegengesetzte Spins zu messen, $\mathbf{P} \geq 1/3$ ist (sprich: größer gleich $1/3$). Das ist die bellsche Ungleichung. Allerdings steht sie im Widerspruch zu den tatsächlichen Messungen, die statistisch korrekt durch die konventionelle Quantenphysik vorhergesagt werden.

EXPERIMENT MIT VERSCHRÄNKTEN TEILCHEN

Die bellsche Ungleichung kann mithilfe eines Experiments mit verschränkten Teilchen auf die Probe gestellt werden; eine imaginäre Version des Experiments ist hier dargestellt: Werden verschränkte Teilchen zu Alice und Bob gesendet, die sich auf weit voneinander entfernten Planeten aufhalten, sollte es – sofern verborgene Variablen im Spiel sind – eine statistische Korrelation zwischen den Quantenzuständen geben, die Alice und Bob messen. Das passt allerdings nicht zur Vorhersage der Quantenphysik, sodass die Existenz von verborgenen Variablen angezweifelt werden sollte.

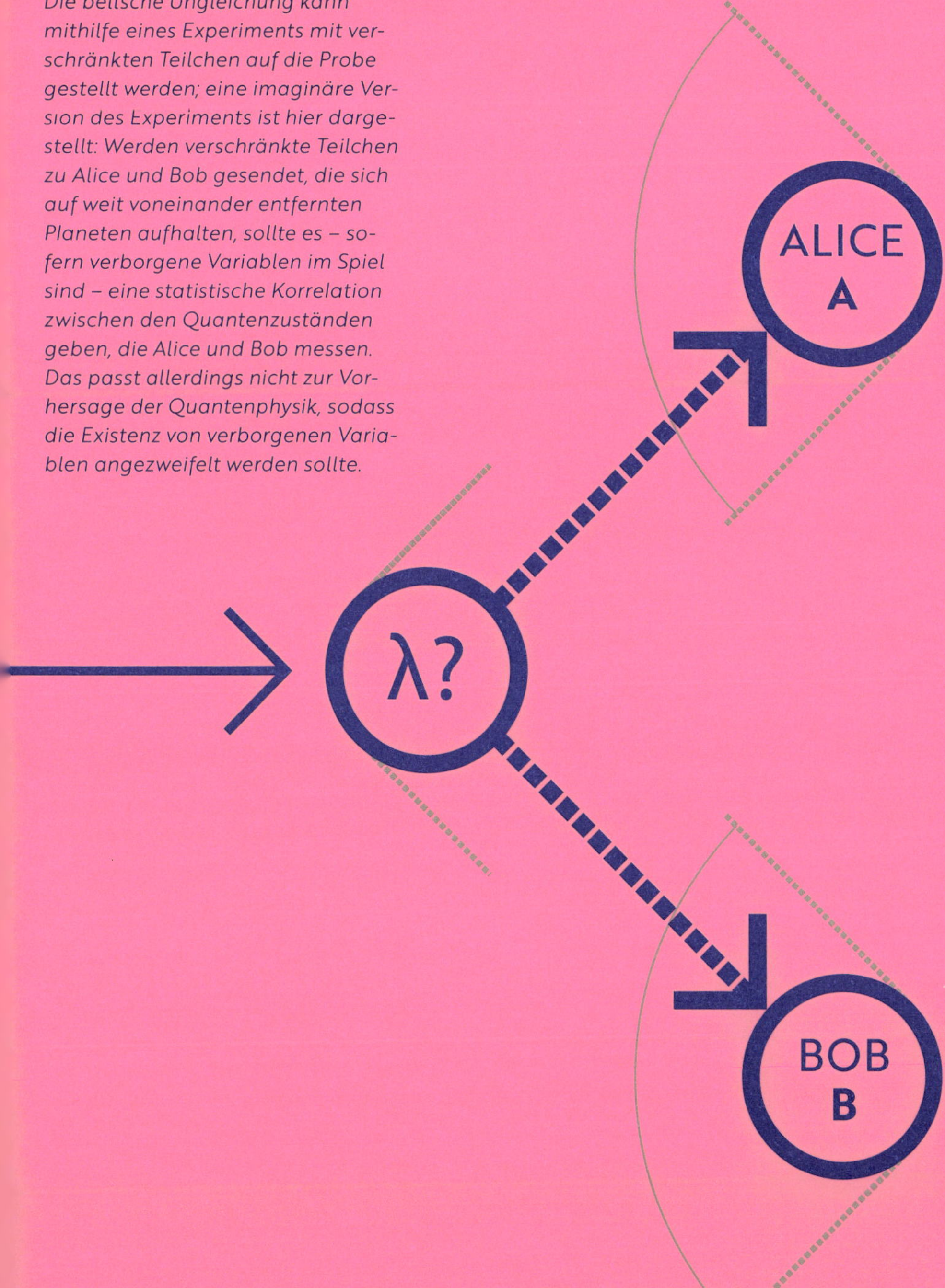

Wie steht die bellsche Ungleichung zur „spukhaften Fernwirkung"?

→ Die Ergebnisse lügen nicht: Die bellsche Ungleichung beweist, dass die verborgenen Variablen, die dafür entworfen wurden, um Ursache und Wirkung und das Konzept der Lokalität zu erhalten, die Vorhersagen der Quantenphysik nicht reproduzieren können. Die spukhafte Fernwirkung scheint also real zu sein!

Einstein war besorgt, dass die Quantenverschränkung die Regeln von Ursache und Wirkung, die uns aus unserem Alltag vertraut sind, ad absurdum führen würde. Daher kam er zu dem Schluss, dass es verborgene Variablen geben müsse – Eigenschaften, deren Werte wir vor einer Messung zwar nicht kennen, die allerdings den Quantenzustand von Teilchenpaaren in ihrem Ursprung festlegen. Die bellsche Ungleichung sollte der Existenz dieser verborgenen Variablen auf den Grund gehen und damit gleichzeitig prüfen, ob Ursache und Wirkung erhalten bleiben würden.

Wäre Einstein im Jahr 1964 – als Bell seine Ungleichung erstmals vorstellte – noch am Leben gewesen (er starb 1955), er wäre leider enttäuscht gewesen: Bell war auf der Suche nach einer statistischen Verbindung zwischen dem Winkel, aus dem der Spin eines Teilchens gemessen wurde, und dem vorhergesagten Wert des Spins. Diese würde die Existenz von verborgenen Variablen offenbaren – doch er fand keinen Hinweis darauf.

Bells Schlussfolgerungen scheinen zu bestätigen, dass die Quantenwelt Schindluder mit Ursache und Wirkung treibt. Denken wir nur an die vielen Situationen, in denen wir Ursache und Wirkung als selbstverständlich betrachten: Schmeißen wir eine Vase vom Regal, fällt sie auf den Boden – sie landet nicht dort, ohne dass sie gestoßen wurde. Oder denken wir ans Autofahren: Wir treten aufs Gaspedal und das Auto beschleunigt – das tut es nicht, bevor wir nicht eine Kraft auf das Pedal ausüben.

Auf Quantenebene scheint dieses einfache Prinzip jedoch nicht mehr zu gelten. Die Experimente mit Quantenverschränkungen zeigen uns, dass, wenn zwei zusammen entstandene Teilchen bei ihrer „Geburt" getrennt werden und sich weit voneinander entfernen, der Beobachter des einen Teilchens den Quantenspin des anderen Teilchens wissen kann – und zwar, ohne dass die Information darüber überhaupt Zeit hatte, das andere Teilchen zu erreichen! Einstein hatte recht – das klingt wirklich spukhaft! Wissenschaftler wie auch Philosophen arbeiten noch immer hart daran, die Konsequenzen dieses Phänomens zu verstehen und was es bedeuten könnte.

SPUKHAFTE VERSCHRÄNKUNG

Einstein beklagte, dass die Quantenverschränkung eine spukhafte Fernwirkung implizierte. Und egal, wie sehr es die Quantenphysiker auch versuchen: Es gelingt ihnen nicht, die Geister der Quantenphysik zu vertreiben und das spukhafte Verhalten von verschränkten Teilchen zu klären. Die bellsche Ungleichung war dabei der theoretische Durchbruch, der diese Spukhaftigkeit bestätigte, denn sie zeigte, dass physikalische Theorien mit verborgenen Variablen, die den Quantenzustand eines Teilchens beschreiben sollen, nicht dazu in der Lage sind, die statistischen Vorhersagen der Quantenphysik zu erklären.

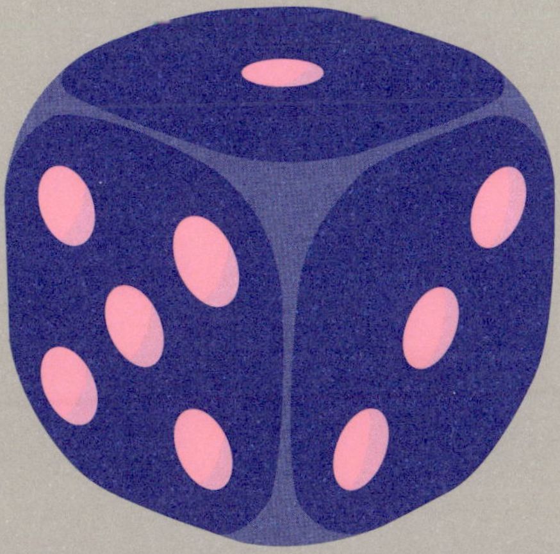

Kann man Bells Theorie auch ohne die bellsche Ungleichung testen?

→ Sonnenbrille auf und cool bleiben – die Polarisation ist hier. Denn die Polarisation mehrerer verschränkter Photonen könnte die perfekte Erklärung dafür sein, weshalb es keine verborgenen Variablen in der Quantenphysik gibt.

Mit all dem Gerede über Ungleichungen, Wahrscheinlichkeiten und Statistik kann John Bells Theorie für einige Knoten im Gehirn sorgen. Wie Mark Twain einst sagte: „Es gibt Lügen, verdammte Lügen, und Statistiken". Gibt es vielleicht einen Weg, die bellsche Ungleichung auch ohne so viel Kopfzerbrechen zu widerlegen?

Im Jahr 1989 entwickelten der österreichische Physiker Anton Zeilinger (*1945) sowie die amerikanischen Physiker Daniel Greenberg (*1932) und Michael Horne (1943–2019) etwas, das als das GHZ-Experiment verschränkter Teilchen beziehungsweise als GHZ-verschränkter Zustand bekannt ist. Im Gegensatz zu Bells Theorie geht es nicht nur von zwei Teilchen aus, sondern von drei oder vier verschränkten Photonen (der Zustand einer Dreierverschränkung wurde in einer späteren Arbeit mit Unterstützung von Abner Shimony vorgeschlagen, basierend auf einem Konzept von Nathaniel David Mermin). Zeilinger erhielt im Jahr 2022 den Physik-Nobelpreis, unter anderem für seine Arbeit an GHZ-verschränkten Zuständen.

Da bereits ein einziger GHZ-verschränkter Zustand die Existenz von verborgenen Variablen widerlegen kann, werden Ungleichungen und Statistiken überflüssig. Das funktioniert, indem man die Polarisation der verschränkten Photonen berücksichtigt. Polarisation kennen wir alle von unseren Sonnenbrillen. Genau ausgedrückt, beschreibt die Polarisation die Richtung, in der Photonen schwingen (Sonnenbrillen lassen nur Licht mit einer bestimmten Polarisation passieren, wodurch Blendung reduziert wird).

Nehmen wir jetzt an, es existieren drei verschränkte Photonen, deren Polarisation nicht bekannt ist. Wir messen sie entweder mit einem linearen Polarisator bei einem Winkel von 45 Grad, um in Erfahrung zu bringen, ob die Polarisation mit oder gegen den Uhrzeigersinn läuft, und mit einem zirkularen Polarisator, mit dem wir bestimmen, ob sie links- oder rechtsdrehend ist. Wie im Beispiel mit den verschränkten Spins sind verschiedene Kombinationen unter den drei Photonen möglich. Diese Zusammenhänge lassen sich als „perfekt" beschreiben, statt als statistisch, da die Messung der Polarisation bei zwei Photonen garantiert, dass wir wissen, wie die des dritten Photons ist – dafür müssen wir keine Statistik aus vielen GHZ-verschränkten Zuständen ableiten. Versuchen wir das nun mit verborgenen Variablen zu reproduzieren, führt das zu anderen Anordnungen, die nicht mit den möglichen Kombinationen übereinstimmen.

GHZ-VERSCHRÄNKTER ZUSTAND

Der GHZ-verschränkte Zustand (GHZ für Greenberger–Horne–Zeilinger) geht von vier Teilchen, zum Beispiel Photonen, aus, die gegenseitig verschränkt sind. Misst man die Polarisation dieser vier verschränkten Photonen, ergibt sich eine absolute Vorhersage ihrer Quantenphysik, die sich anhand keiner physikalischen Theorie, die verborgene Variablen beinhaltet, erklären lässt. Und das Beste: Dazu wird keine Statistik benötigt, was dieses Vorgehen deutlich intuitiver und einfacher zu erklären macht.

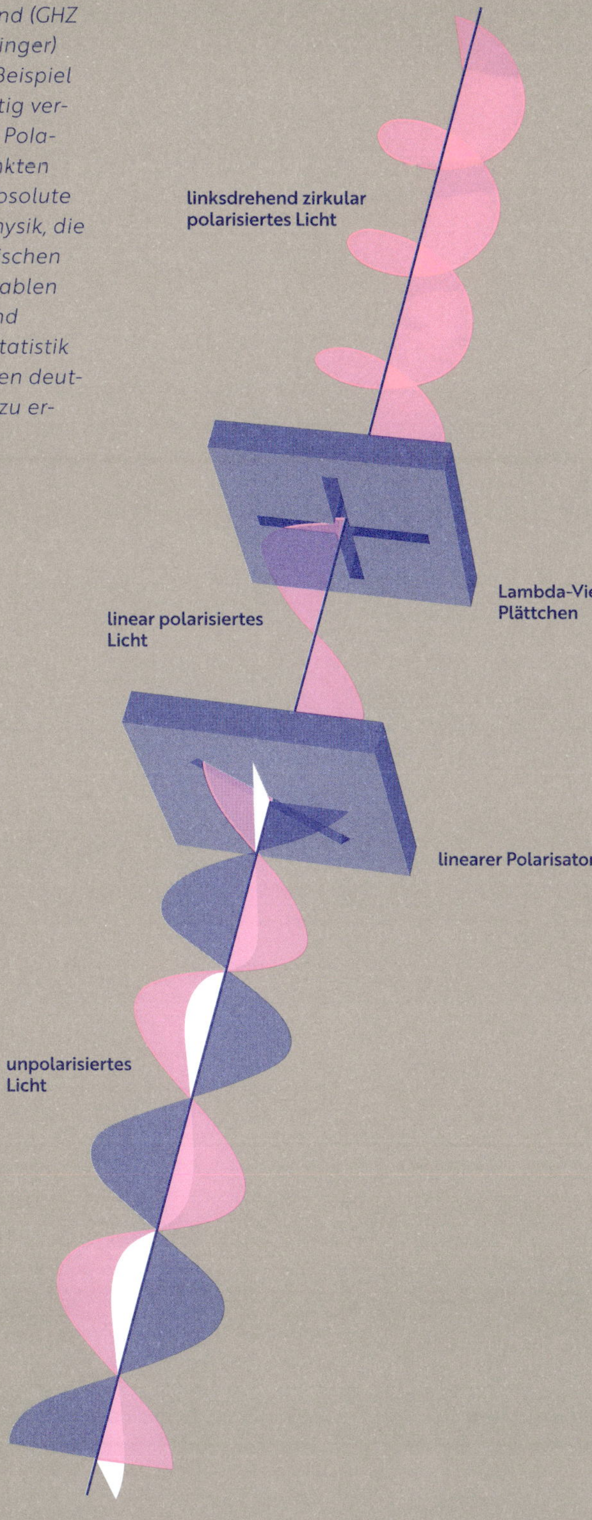

Was, wenn wir nicht hinschauen?

→ Wenn wir nicht versuchen, eine Quanteneigenschaft eines Teilchens zu messen, existiert es womöglich gar nicht. Das ist eine alarmierende Konsequenz für die Interpretation unserer Realität.

Laut Bells Theorie ist der Quantenzustand eines Teilchens keine bereits existierende, lokale Eigenschaft. Da das scheinbar die Existenz verborgener Variablen widerlegt, impliziert es, dass Quantenzustände – wie zum Beispiel die Position eines Teilchens – nicht existieren, bevor wir eine Messung vornehmen. Laut der Unschärferelation kann ein Teilchen zudem nicht gleichzeitig einen realen Ort und einen realen Impuls besitzen.

Fällt ein Baum im Wald um und niemand ist da, um es zu beobachten: Ist der Baum dann wirklich umgefallen? Kreisen wirklich fremde Planeten um ferne Sterne, oder sind sie nur ungelöste Wellenfunktionen, bis wir sie mit einem unserer Teleskope entdecken?

In einem Gedankenexperiment des ungarisch-amerikanischen theoretischen Physikers Eugene Wigner (1902–1995) wird ein Wissenschaftler in ein versiegeltes Labor geschlossen, sodass er nicht mit der Außenwelt in Kontakt treten kann. Anschließend misst er den Quantenzustand eines Teilchens. Ein Beobachter außerhalb des Labors führt dieselbe Messung durch, doch die Ergebnisse beider Wissenschaftler können sich unterscheiden, denn für den externen Beobachter ist der Wissenschaftler im Labor mit dem Teilchen verschränkt und Teil seiner Wellenfunktion.

Im Jahr 2020 gingen australische Wissenschaftler noch einen Schritt weiter: Sie stellten sich vor, dass zwei Wissenschaftler in zwei verschiedene versiegelte Laboratorien gesperrt und zwei verschränkte Teilchen messen würden. Jeder der Wissenschaftler sollte zudem einen Freund außerhalb des Labors haben. Diese externen Personen werfen jeweils eine Münze und derjenige, der „Kopf" bekommt, muss die Tür zum Labor seines Wissenschaftler-Freundes öffnen und ihn fragen, was seine Messung ergeben hat. Doch sobald das geschieht, verfällt die Messung des anderen Wissenschaftlers – er erleidet eine spontane Amnesie und kann sich nicht an seine Ergebnisse erinnern, da von außen nicht beobachtet wurde, wie seine Wellenfunktion kollabierte. So etwas wurde natürlich noch nie in der realen Welt beobachtet und es ist nicht klar, ob es überhaupt möglich ist. Doch es wirft die Frage auf, wie real unsere Messungen tatsächlich sind und ob Dinge, die niemand beobachtet, wirklich geschehen. Das ist schon kein rein physikalisches Problem mehr, sondern ein philosophisches, und niemand konnte es bisher zufriedenstellend lösen.

WENN EIN BAUM FÄLLT ...

Eine der klassischen Analogien dafür, ob der Kollaps einer Wellenfunktion einen Quantenzustand für uns „real" macht, ist die philosophische Frage, ob ein Baum im Wald tatsächlich umfällt, wenn niemand da ist, der es beobachtet. In der Realität sähen wir natürlich den liegenden Stamm oder seinen Baumstumpf, selbst dann, wenn wir sein Umfallen nicht beobachtet haben. Dieses Szenario dient ja auch nur dazu, die Seltsamkeiten der Quantenwelt auf unsere makroskopische Welt zu übertragen und zu beschreiben. Dennoch wirft es eine wichtige Frage nach der wahren Natur unserer Realität auf.

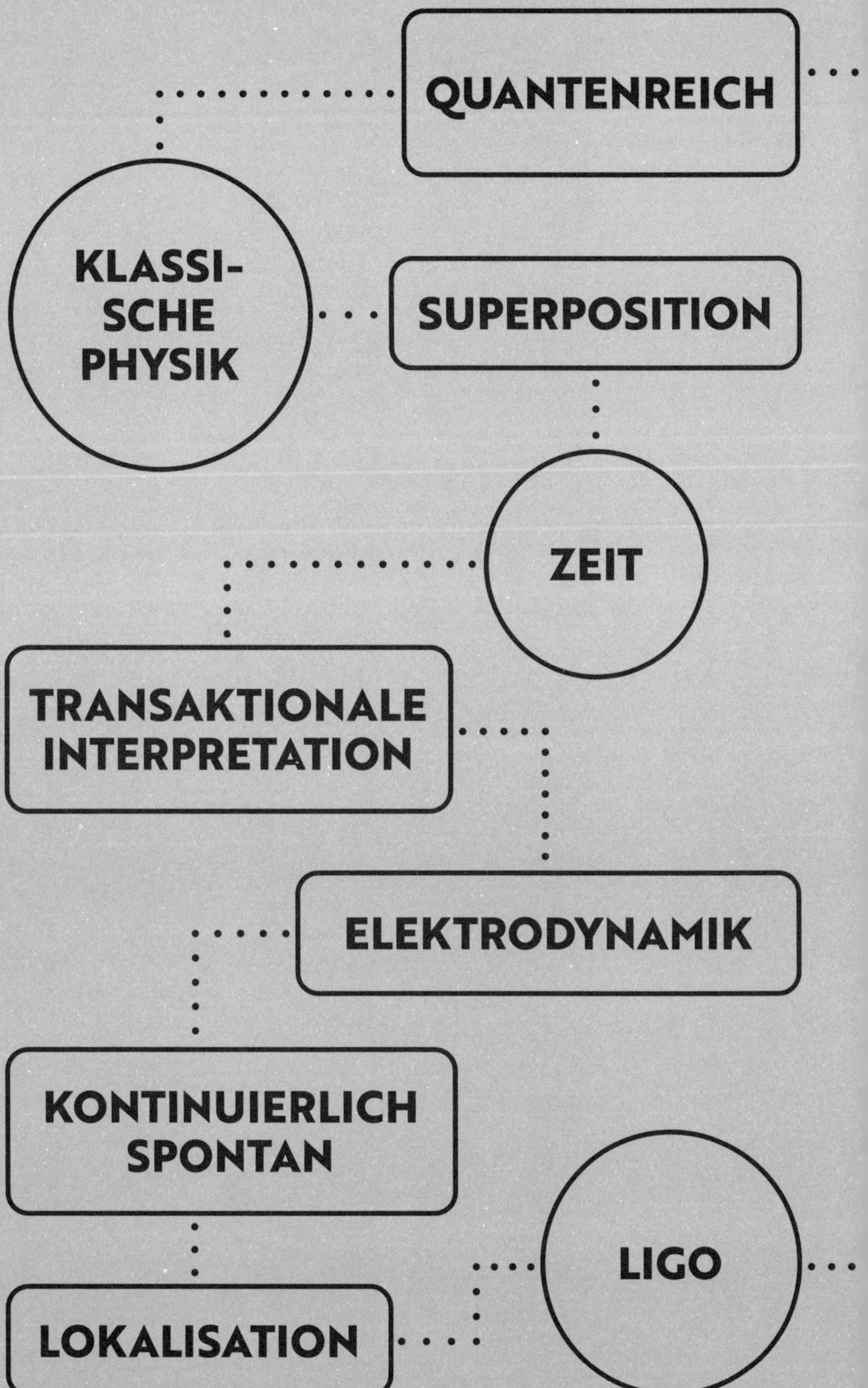
QUANTENREICH
KLASSISCHE PHYSIK
SUPERPOSITION
ZEIT
TRANSAKTIONALE INTERPRETATION
ELEKTRODYNAMIK
KONTINUIERLICH SPONTAN
LIGO
LOKALISATION

KAPITEL 5

QUANTEN-INTERPRETATION

DAS MULTIVERSUM

BAYESSCHE STATISTIK

QBISMUS

SUBJEKTIVE LOGIK

ÜBER DIESES KAPITEL

Eine Möglichkeit, sich die Quantentheorie vorzustellen, ist, sie mit einem Gerichtsprozess zu vergleichen, bei dem die Beweise dargelegt werden. Die Anklage interpretiert die Beweise so, dass die Person auf der Anklagebank schuldig scheint; die Verteidigung argumentiert hingegen, dass die Beweise genau gegensätzlich interpretiert werden sollten, um die Unschuld zu beweisen.

Im Falle der Quantenphysik sind die Wellenfunktion und ihr Kollaps bei einer Messung die Beweise und aus der Interpretation dieser Beweise folgen die verschiedenen Theorien und Deutungen. Sie sind nichts anderes als verschiedene Erklärungen dafür, was genau Wellenfunktionen sind und was unter ihrem Kollaps zu verstehen ist. Bisher haben wir schon zwei Interpretationen kennengelernt: die Kopenhagener Deutung, die führende Theorie der Quantenphysik, und die bohmsche Mechanik, die jedoch durch die Theorie von John Bell auf die Probe gestellt wurde.

Nun ist es an der Zeit, weitere Interpretationen kennen zu lernen, die sich alle die Seltsamkeit der Quantenwelt zu eigen machen. Da wäre zum Beispiel das **CSL-MODELL** (engl. **CONTINUOUS SPONTANEOUS LOCALISATION**), laut dem der Kollaps einer Wellenfunktion ein zufälliges Ereignis ist, das wir lediglich deshalb registrieren, weil es in einem Objekt so viele Teilchen gibt, dass wir mit Sicherheit eine ihrer Wellenfunktionen kollabieren sehen. Und das führt wiederum zum Kollaps aller anderen. Das ist mit dem radioaktiven Zerfall vergleichbar: Eine radioaktive Substanz sendet Strahlung aus, da ihre Atome zufällig zerfallen. Weil es in dem Material so viele Atome gibt, zerfallen immer einige irgendwann, sodass wir die Strahlung mit Sicherheit messen können.

Das CSL-Modell scheint einigermaßen vernünftig. Doch wie wäre es mit der **TRANSAKTIONALEN INTERPRETATION**, die auf Wellen basiert, die vorwärts und rückwärts in der Zeit reisen und miteinander interagieren, um die Wellenfunktion des Quantenzustands eines Teilchens zu erzeugen? Als nächstes wäre da noch der **QBISMUS**, der die Beweislast auf den Rücken des Beobachters abwälzt statt auf die Realität der Situation. Oder wie wäre es mit der **VIELE-WELTEN-INTERPRETATION**? Sie deutet die Beweise so, dass aus dem Kollaps der Wellenfunktion nicht nur ein einzelner Wert hervorgeht, sondern alle möglichen Werte, und dass sie alle real sind – nur eben in anderen Realitäten oder Universen, die sich immer dann von unserem abspalten, wenn eine Quantenmessung vorgenommen wird. So entsteht das **MULTIVERSUM** – besonders beliebt in Marvel-Filmen –, das zusätzlich den Vorteil hat, dass aus unserer Sicht, in unserem Universum, die Kopenhagener Deutung richtig zu sein scheint, da wir die anderen Wellenfunktionen in den anderen Realitäten nicht kollabieren sehen können.

Letztendlich können nur weitere experimentelle Belege eine dieser Interpretationen bestätigen. Doch das ist einfacher gesagt als getan: Wie soll man testen, ob eine Welle rückwärts in der Zeit gereist ist oder dass es verschiedene Realitäten gibt? Ein Experiment, das Wissenschaftler tatsächlich durchführen, ist die Suche nach der Grenze, an der die Quantenwelt in die klassische Welt übergeht. Würde man die Größenordnung kennen, bei der das passiert, erhielte man wichtige Einblicke in die Natur des **QUANTENREICHS**, die uns vielleicht helfen könnten, die Quantenphänomene zu erklären, die wir beobachten – und wenn wir herausfänden, ab welchem Punkt sie nicht mehr beobachtbar sind. Wäre diese Grenze einmal ausfindig gemacht, so erhoffen sich die Forscher, könnte man zum Beispiel ein **BÄRTIERCHEN** in **QUANTENSUPERPOSITION** bringen, sodass es die erste Lebensform wäre, die in zwei Zuständen gleichzeitig existieren würde. Dieses doch eher unwahrscheinliche Bärtierchen würde tatsächlich dahin gehen, wohin kein Lebewesen zuvor gewesen ist!

QUANTENINTERPRETATION – EINE ÜBERSICHT

DAS CSL-MODELL

Hinter Continuous Spontaneaous Localisation (kurz: CSL) verbirgt sich eine Interpretation der Quantenphysik, die davon ausgeht, dass der Kollaps der Wellenfunktion stochastisch ist. Das heißt, dass die Wellenfunktion eines Teilchens spontan kollabieren kann, ohne dass eine Messung stattgefunden hat.

TRANSAKTIONALE INTERPRETATION

Entwickelt vom amerikanischen Wissenschaftler John Cramer, geht diese Theorie von Quantenwellen aus, die vorwärts und rückwärts in der Zeit reisen und miteinander interagieren können, um eine Wellenfunktion zu erzeugen.

LIGO

Das Laser-Interferometer-Gravitationswellen-Observatorium ist ein Gravitationswellendetektor, der so empfindlich auf Störungen reagiert, dass er wackelnde Teilchen um eines herum nachweisen könnte, das gemäß CSL einen zufälligen Kollaps der Wellenfunktion durchlaufen hat.

WHEELER-FEYNMAN-ABSORBER-THEORIE

Diese Theorie von Sendern und Empfängern elektromagnetischer Wellen funktioniert dank einer mathematischen Eigenheit in beide Richtungen der Zeit. Sie inspirierte Cramer zur transaktionalen Interpretation.

DAS REICH DER QUANTEN

So nennt man die Größenskala, auf der Quanteneffekte in Erscheinung treten. Meist meint man damit atomare Größenordnungen.

BÄRTIERCHEN

Dieses kleine „Mikro-Tier" ist etwa einen halben Millimeter lang, wodurch es sich perfekt für Experimente eignet, die versuchen, Lebewesen in eine Quantensuperposition zu versetzen.

SUPERPOSITION

Werden zwei Quantenwellen, die beispielsweise verschiedene Energien eines Teilchens repräsentieren, übereinandergelegt, befinden sie sich in einem Zustand der Superposition.

SILIZIUMNITRID

Wissenschaftler versuchen, eine dünne Schicht dieser chemischen Verbindung aus Silizium- und Stickstoffatomen in Quantensuperposition zu versetzen.

AMPLITUDE

Dabei handelt es sich um ein anderes Wort für die Größe einer Welle.

REALITÄT

QBISMUS

Ausgesprochen wie „Kubismus", schlägt diese Interpretation vor, dass die Wellenfunktion nicht real ist, sondern eine Manifestation dessen, was der Beobachter zu finden erwartet.

VIELE-WELTEN-INTERPRETATION

Anstatt dass eine Wellenfunktion in einen bestimmten Quantenzustand kollabiert, besagt diese verwegene Interpretation, dass jeder mögliche Zustand in einem parallelen Universum Realität wird.

BAYESSCHE STATISTIK

Dieser Zweig der statistischen Mathematik basiert auf intuitiven Einschätzungen statt auf der tatsächlichen Häufigkeit eines Ereignisses.

MULTIVERSUM

Als Multiversum wird eine Gruppe mehrerer paralleler Universen bezeichnet, wobei der Begriff möglicherweise aus der Viele-Welten-Interpretation hervorgegangen ist.

ELEKTRODYNAMIK

Die Physik, die die Wechselwirkungen zwischen elektrischen Strömen und Magnetfeldern beschreibt, wird Elektrodynamik genannt.

CHAOTISCHE INFLATION

Hierbei handelt es sich um eine weitere Form des Multiversums, in der die anfängliche Inflation des Universums nach dem Urknall nie aufgehört hat und in der ständig neue Universen entstehen.

STRINGTHEORIE

Dieses Modell der Realität legt nahe, dass die grundlegendsten Bausteine der Materie winzige schwingende Saiten, sogenannte Strings, sind. Es postuliert auch die Existenz mehrerer Dimensionen.

WELLEN

MATERIE

Liegen alle Antworten in Kopenhagen?

Lehrbücher zur Quantenmechanik lassen es wirken, als sei die Kopenhagener Deutung das Nonplusultra – Kopenhagen und Bohr dominierten sicherlich das Feld in der Anfangszeit. Doch es könnte noch andere Möglichkeiten geben.

Während die Position oder der Spin eines Teilchens in der Quantenphysik unsicher sein mögen, stand das Epizentrum dieses Wissenschaftsfelds in den 1920er- und -30er-Jahren mit absoluter Gewissheit fest: Kopenhagen. Niels Bohr war an der Kopenhagener Universität tätig und viele der führenden Quantenphysiker jener Zeit, darunter Paul Dirac, Werner Heisenberg und Erwin Schrödinger, kamen in die Stadt, um mit Bohr am Problem der Wellenfunktion und ihrer Bedeutung zu arbeiten. Bohr und seine Kopenhagener Kollegen waren derart einflussreich, dass ihre Ideen wegweisend für die weitere Forschung in der Quantenphysik waren. Und etwa 100 Jahre später sprechen wir noch immer über die Kopenhagener Deutung – die Idee von einer realen Unschärfe, von Wellenfunktionen, die nur bei einer Messung kollabieren, und davon, dass die Ergebnisse solcher Messungen auf Wahrscheinlichkeit beruhen, anstatt auf bestimmten verborgenen Variablen.

Anzunehmen, dass die Kopenhagener Deutung die einzige Möglichkeit einer Interpretation ist, wäre jedoch falsch. So haben wir bereits einige der konkurrierenden Deutungen kennengelernt, zum Beispiel die bohmsche Mechanik, die Theorie der Führungswellen und die Idee von verborgenen Variablen. Und auch wenn diese Alternativen durch Experimente widerlegt werden konnten, haben andere Theorien noch immer eine Chance. Denn in der Wissenschaft ist es völlig normal, dass es mehrere Theorien gibt, die ein und dasselbe Phänomen erklären und sich nicht gegenseitig ausschließen. Schauen wir uns die Gravitation an: Einsteins Allgemeine Relativitätstheorie hat Isaac Newtons Gravitationstheorie nicht ersetzt, sondern eher ergänzt, indem sie diese in ihr Rahmenwerk integriert. In ähnlicher Weise könnten auch verschiedene Theorien der Quantenphysik die Kopenhagener Deutung ergänzen, statt sie zu ersetzen. Die Viele-Welten-Interpretation (siehe S. 98) ist das beste Beispiel dafür.

DAS NIELS-BOHR-INSTITUT

Im Jahr 1921 gründete der Urvater der Quantenphysik, Niels Bohr, das Institut für theoretische Physik an der Universität Kopenhagen in Dänemark, das später zu Ehren Bohrs umbenannt wurde. Heute ist es unter dem Namen Niels-Bohr-Institut bekannt. Viele der weltweit führenden Physiker der 1920er- und -30er-Jahre besuchten das Institut, um mit Bohr zu arbeiten und zu dem beizutragen, was heute als die Kopenhagener Deutung der Quantenphysik bekannt ist.

Was verbindet das Reich der Quanten mit der klassischen Welt?

Irgendwo zwischen den Größenordnungen von Teilchen und denen unseres Alltags geht das Verhalten von Quanten in die klassische Physik über. Wo diese Grenze liegt und warum es überhaupt eine Grenze gibt, bleibt ein Rätsel.

Wir wissen, dass Teilchen durch eine Wellenfunktion und die damit verbundene Quantenunschärfe beschrieben werden. Doch in der makroskopischen Welt unseres täglichen Lebens sehen wir kein Quantenverhalten. Die Gegenstände in deiner Wohnung befinden sich nur an einem Ort (es sei denn, jemand verschiebt sie). Sie tauchen nicht plötzlich im Zimmer nebenan auf oder flitzen zwischen zufälligen Positionen, die durch eine Wellenfunktion beschrieben werden, hin und her. Die Trennlinie zwischen der Quantenwelt und unserer alltäglichen Welt der klassischen Physik ist unklar, doch könnten wir sie bestimmen, würde es uns dabei helfen, die Quantenwelt zu interpretieren.

Wissenschaftler versuchen, zumindest den ersten Teil dieses Rätsels zu lösen: In einem Experiment, das von Forschern der Technischen Universität Delft in den Niederlanden durchgeführt wird, soll ein kleines, millimetergroßes Objekt in die Welt der Quanten geschickt werden. Wenn das gelingt, soll es als Nächstes mit einem kleinen Lebewesen versucht werden.

In ihrem Experiment nutzen die Wissenschaftler eine kleine Membran aus Siliziumnitrid, die durch einen Stoß in Schwingung versetzt wird. Siliziumnitrid ist ein Material, das lange schwingen kann, ohne zu brechen. Mithilfe eines Lasers soll die Membran in einen Zustand der Quantensuperposition versetzt werden (das heißt, es werden mehrere Quantenzustände überlagert, siehe Seite 62), mit zwei verschiedenen Amplituden (Größe der Welle) zur gleichen Zeit. Die Forscher wollen dann beobachten, wie die Superposition kollabiert und eine ganz bestimmte Schwingungsamplitude daraus hervorgeht.

Das Schwierige ist, zunächst die Superposition zu erzeugen – eine komplizierte Aufgabe, bedenkt man die Probleme, die die Dekohärenz mit sich bringt (wenn ein Quantenzustand durch Wechselwirkungen mit der Umgebung zerfällt, siehe Seite 60). Ist diese Aufgabe jedoch gemeistert und das Experiment liefert die erhofften Ergebnisse, planen die Forscher, ein Bärtierchen – ein winziges Lebewesen, nur etwa einen halben Millimeter groß – auf die Membran zu setzen, um zu sehen, ob es ebenfalls in einen Zustand der Quantensuperposition gelangen kann.

Ziel des Experiments ist es, zu ermitteln, ab welcher Größenordnung die „Quantenhaftigkeit" tatsächlich beginnt.

BÄRTIERCHEN IN SUPERPOSITION

Bärtierchen sind gewissermaßen die Versuchskaninchen der experimentellen Quantenphysik. Nachdem es schon umstrittene Behauptungen gab, nach denen gefrorene Bärtierchen in eine Quantenverschränkung gebracht worden sind, versuchen Forscher nun, ein Bärtierchen in einen Zustand der Quantensuperposition zu versetzen. Dann würde sich das winzige Lebewesen quasi an zwei Orten gleichzeitig aufhalten, bis eine Messung vorgenommen würde. Sollte ein solches Experiment gelingen, würde es zeigen, dass das Quantenverhalten nicht auf die Teilchenwelt beschränkt ist, sondern auch Auswirkungen auf die makroskopische Welt hat.

Reisen Wellenfunktionen rückwärts in der Zeit?

→ Gerade als man dachte, die Quantenphysik könnte nicht noch seltsamer werden, kommt eine Theorie um die Ecke, nach der Quantenwellen rückwärts in der Zeit reisen, anderen Wellen, die vorwärts reisen, begegnen, ihnen die Hand geben und eine Wellenfunktion formen.

Im Jahr 1986 entwickelte der amerikanische Physiker John Cramer (*1934) eine innovative neue Interpretation der Quantenphysik, die sowohl der bellschen Ungleichung gehorcht als auch die scheinbare Nicht-Lokalität der spukhaften Verschränkung umgeht, indem sie sich nicht auf den Raum, sondern auf die Zeit konzentriert.

Cramer nannte sie transaktionale Interpretation. Wie der Name vermuten lässt, beinhaltet sie eine Art Transaktion von Energie, Impuls und anderen Quantenzahlen. Damit es jedoch zu einer Transaktion kommen kann, muss es zu einem Austausch zwischen zwei Beteiligten kommen. In diesem Fall sind das eine Welle, die von einer Quelle ausgesendet wird und sich wie üblich vorwärts durch die Zeit bewegt, und eine Welle von einem Empfänger, die sich rückwärts durch die Zeit bewegt. Die Quelle ist dabei etwas, das ein Teilchen erzeugt, zum Beispiel bei einer Kernreaktion. Der Empfänger ist der Ort, zu dem das Teilchen unterwegs ist, ein zukünftiges Universum zum Beispiel. Treffen sich die vorwärts und rückwärts gerichteten Wellen, interagieren sie – hier spricht Cramer von einem „Handschlag“ – und tauschen alle Quanteneigenschaften aus, während sie eine stehende Welle erzeugen. Diese interpretieren wir als Wellenfunktion. In diesem Szenario kollabiert die Wellenfunktion nicht an einem bestimmten Punkt im Raum, sondern über die Zeit des gesamten Vorgangs hinweg.

Das scheint alles sehr weit hergeholt, doch tatsächlich stammt Cramers Idee im Ursprung von zwei der größten Denker des 20. Jahrhunderts: den amerikanischen Physikern Richard Feynman (1918–1988) und John Wheeler (1911–2008). Sie entwickelten gemeinsam eine Theorie der Elektrodynamik, die auch die Wheeler-Feynman-Absorber-Theorie genannt wird, bei der es um Emitter und Absorber von elektromagnetischen Wellen geht. Verkürzt gesagt ist ihr Modell in der Theorie symmetrisch aufgebaut, sodass die Richtung der Zeit keine Rolle spielt, da die Bezeichnungen „Emitter“ und „Absorber“ willkürlich sind.

Diese Idee hat Cramer für den QBismus (siehe Seite 96) aufgenommen und versucht, experimentell nachzuweisen. Andere Wissenschaftler haben den QBismus jedoch dafür kritisiert, dass er (aus ihrer Sicht) keine überzeugende Erklärung für Mehrteilchen-Quantensysteme liefern kann, ganz zu schweigen von den Rückwärts-in-der-Zeit-Wellen.

DER QUANTEN-HANDSCHLAG

In Anlehnung an die Theorie der Elektrodynamik geht die transaktionale Interpretation von Wellen aus, die sich in der Zeit vorwärts und rückwärts bewegen und so miteinander in einem virtuellen „Handschlag" interagieren, der die Wellenfunktion eines Teilchens formt. Die transaktionale Interpretation wurde von John Cramer entwickelt, der übrigens auch für seine Science-Fiction-Bücher bekannt ist.

Wo kollabiert die Wellenfunktion?

→ Vielleicht versteckt sich die Antwort in der großen Menge: Eine Theorie besagt, dass der Welle-Teilchen-Kollaps völlig zufällig geschieht, und in Systemen mit vielen Teilchen können wir gar nicht sicher sagen, welches Teilchen dasjenige ist, das kollabiert.

Der Kollaps der Wellenfunktion sowie sein Verhältnis zu Messung und Beobachtung ist eines der größten Rätsel der Quantenphysik. Doch was ist so besonders daran, eine Messung vorzunehmen? Misst du beispielsweise deine Körpergröße, wird diese durch den Akt der Messung nicht verändert und das nächste Mal, wenn du deine Größe messen willst, wirst du dasselbe Ergebnis erhalten (außer natürlich, du wächst noch). Warum sollte das bei Teilchen anders sein?

Laut der Kopenhagener Deutung ist alles zufällig und Teilchen existieren erst dann als Teilchen, wenn eine Messung vorgenommen wurde und sich der Zustand des Teilchens drastisch ändert. Diese Idee ist jedoch dermaßen kontraintuitiv, dass Wissenschaftler nach sinnvollen Alternativen suchten, und so haben wir bereits das Konzept der verborgenen Variablen und die bohmsche Mechanik kennengelernt – und warum sie vermutlich doch nicht die Antwort sind. Welche Alternativen gibt es also noch?

Im Jahr 1989 entwickelte der amerikanische Physiker Philip Pearle ein Konzept namens Continuous Spontaneous Localisation (dt.: kontinuierliche spontane Lokalisierung, kurz: CSL). Pearle schlug vor, dass der Kollaps der Wellenfunktion eines bestimmten Teilchens ein zufälliges Ereignis ist und nicht durch eine Messung verursacht wird. Aber: Physiker untersuchen Systeme, also Ansammlungen von Teilchen. Die geringe Wahrscheinlichkeit, dass die Wellenfunktion eines einzelnen Teilchens zufällig kollabiert, wird bedeutungslos, wenn es genug Teilchen in einem System gibt, sodass mit Sicherheit eine ihrer Wellenfunktionen zufällig kollabiert. Und sobald das passiert, kollabieren auch die Wellenfunktionen aller anderen Teilchen im System. Auch wenn es also so aussieht, als hätte unsere Messung den Kollaps verursacht, liegt es in Wirklichkeit an der Statistik der großen Anzahl von Teilchen. Das würde auch erklären, weshalb die klassische Physik auf makroskopischer Ebene gilt und nicht die Quantenphysik.

Und es gibt sogar eine Möglichkeit, diese Theorie zu testen: Der Kollaps im CSL-Modell sollte die umgebenden Teilchen zum „Zittern" bringen. Empfindliche Detektoren, die eigentlich zur Messung von Gravitationswellen entwickelt wurden, können nach diesem Zittern suchen. Bisher wurde jedoch kein Hinweis darauf gefunden.

DAS CSL-MODELL

Eines der größten Rätsel der Quantenphysik ist, warum eine Wellenfunktion allein durch eine Messung kollabieren sollte. Der Physiker Philip Pearle stellte das Problem auf den Kopf und schlug vor, dass der Kollaps der Wellenfunktion nichts Besonderes ist. In seiner Theorie der kontinuierlichen spontanen Lokalisierung (engl.: Continuous Spontaneous Localisation, kurz: CSL) schlug er vor, dass Wellenfunktionen zufällig kollabieren und in einem System mit genügend Teilchen zwangsläufig eines gerade kollabiert, wenn eine Messung durchgeführt wird. Und sobald eines kollabiert, folgen alle anderen im Dominoeffekt.

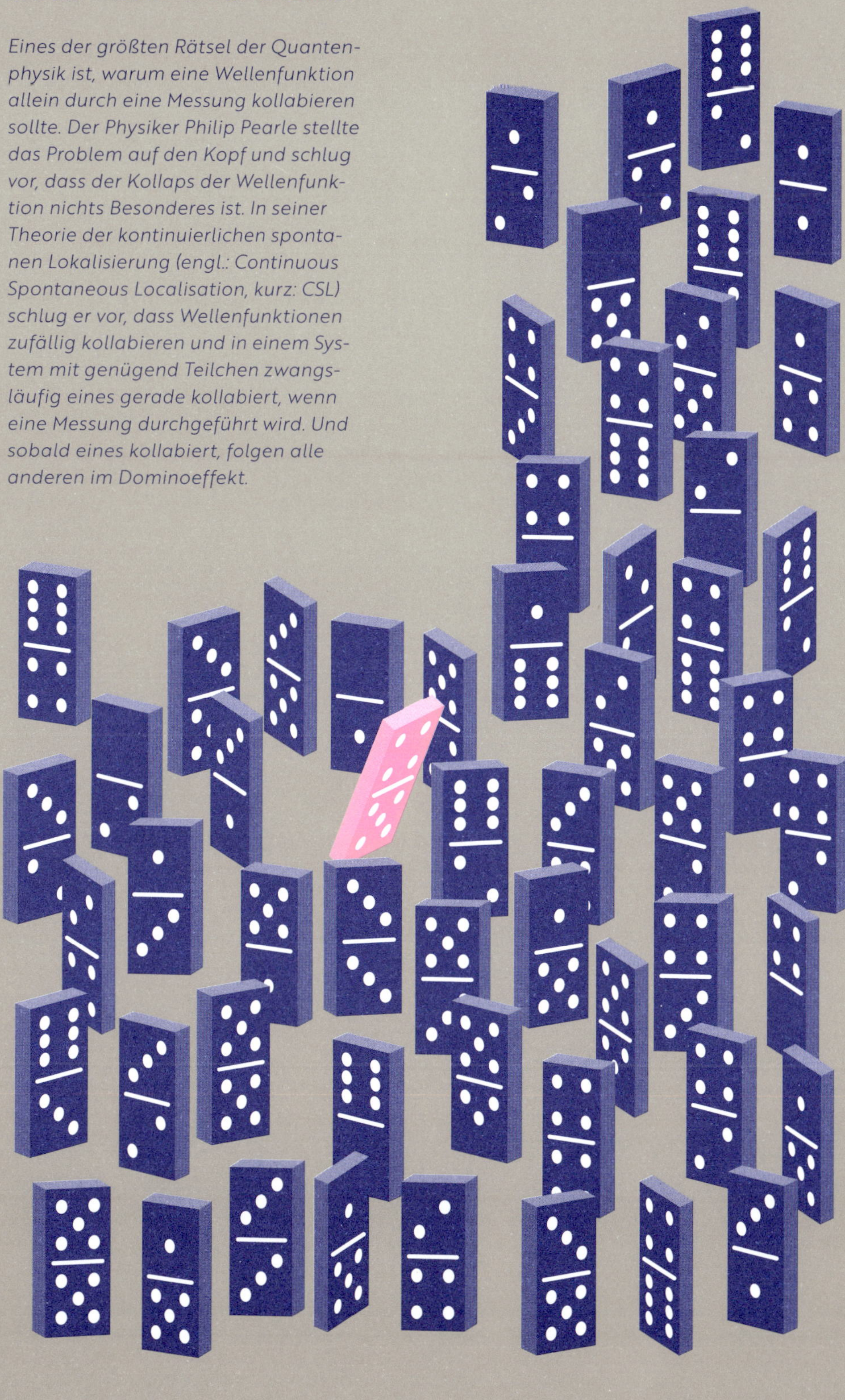

Ist das alles reine Kopfsache?

→ Subjektive Logik auf etwas so scheinbar Unlogisches wie die Quantentheorie anzuwenden, könnte die Lösung für das große Rätsel der Unbestimmtheit sein.

Eine weitere, sich rasant entwickelnde Interpretation der Quantenphysik ist der QBismus (ausgesprochen wie „Kubismus"). Die zentrale Idee dieses Konzepts ist, dass die Wellenfunktion nichts Reales, Physikalisches, sondern vielmehr eine subjektive Darstellung der Erwartungen eines Beobachters über einen Quantenzustand ist. Erwartet ein Beobachter aus irgendeinem Grund, dass ein Teilchen eher hier als dort ist, würde die Wellenfunktion genau diese Erwartung widerspiegeln. Die Wellenfunktion wird somit subjektiv und basiert auf den Erwartungen – oder Überzeugungen, wenn wir dieses Wort benutzen möchten – des Beobachters.
Das klingt zunächst bizarr, ist aber bei näherer Betrachtung gar nicht so seltsam: Der QBismus stützt sich auf die bayessche Statistik.
Mathematiker sprechen oft von einer „Chance", mit der etwas passiert. So sollte beispielsweise beim Werfen von 100 Münzen die Chance bei 50 Prozent liegen, „Kopf" zu erhalten.
Die bayessche Statistik hingegen basiert nicht auf beobachteten Häufigkeiten, sondern auf intuitiven, subjektiven Beurteilungen. So etwas machen wir im Alltag ständig – schauen wir zum Beispiel in den Himmel, schätzen wir intuitiv eine 50-prozentige Regenwahrscheinlichkeit ab.
Der QBismus überträgt die bayessche Statistik auf die Quantenphysik: Die Wellenfunktion ist somit nichts Reales mehr, sondern wird zu einem subjektiven, abstrakten Konzept. Jeder Beobachter sieht somit seine eigene Wellenfunktion – ein Quantenzustand kann also genauso viele Wellenfunktionen haben wie Beobachter. Erst wenn diese Beobachter miteinander kommunizieren und ihre Erfahrungen und Erwartungen miteinander teilen, passen sich die einzelnen Wellengleichungen an und es entsteht ein gemeinsames, einheitlicheres Ergebnis. Sollte diese Interpretation korrekt sein, würde sie einige der schwierigsten Aspekte der Quantenphysik eliminieren, darunter die Verschränkung, den Kollaps der Wellenfunktion sowie die Rolle des Beobachters.
Doch es gibt auch Kritiker des QBismus, die sich an der Subjektivität dieser Theorie stören; kein Wunder, ist es doch eine gewagte Neuinterpretation der Quantenphysik. Ob sie sich als richtig erweist, bleibt abzuwarten.

QBISMUS

Darin, dass die Wellenfunktion Wahrscheinlichkeiten beschreibt – etwa die Wahrscheinlichkeit, dass sich ein Teilchen eher hier als dort befindet –, sind sich alle einig. Die Theorie des QBismus nutzt das Konzept der Wahrscheinlichkeit jedoch auf eine andere Weise, indem sie die bayessche Statistik nutzt. Diese basiert weniger auf absoluten Wahrscheinlichkeiten, sondern mehr auf intuitiven Einschätzungen und Vermutungen. Ist der QBismus korrekt, würde der Kollaps der Wellenfunktion buchstäblich widerspiegeln, was in unserem Geist vorgeht, und der Kollaps würde dort eintreten, wo wir die höchste Wahrscheinlichkeit erwarten. Eine objektive Realität würde sich dann erst mit einer größeren Anzahl von Beobachtern manifestieren.

Leben wir in einem Multiversum?

Die Viele-Welten-Interpretation ist so beliebt geworden, dass sie ihren Weg in die Popkultur gefunden hat – besonders in Filmen und TV-Serien über alternative Realitäten in einem Multiversum.

Wie entscheidet eine kollabierende Wellenfunktion, welchen Quantenzustand sie annimmt? Bevor wir ein Teilchen vermessen, sind all seine Quantenvariablen in einer Art Schwebezustand und nichts ist sicher. Klar, die Wahrscheinlichkeitsverteilung der Wellenfunktion spielt eine Rolle, doch im Grunde ist jeder erlaubte Quantenzustand möglich. Kommen wir also zur zentralen Frage: Was genau bestimmt, wie eine Wellenfunktion kollabiert?

Im Jahr 1957 hatte ein junger amerikanischer Physiker namens Hugh Everett (1930–1982) eine bahnbrechende Idee: Vielleicht kollabiert die Wellenfunktion ja nicht nur in eine einzige Lösung, sondern gleich in alle möglichen Lösungen. Jede dieser Lösungen würde dann eine eigene Realität erzeugen und es würde nicht alles auf einmal in unserer Realität stattfinden.

Everetts Theorie wurde als die Viele-Welten-Interpretation bekannt und entwickelte sich zu einem starken Konkurrenten der Kopenhagener Deutung. Sie beseitigt einige der Probleme, die Einstein mit dem Zufall – „Gott würfelt nicht" – hatte, da sie Zufälligkeit durch Vollständigkeit ersetzt. Allerdings bringt sie eine ganze Reihe neuer Probleme mit sich, insbesondere die Vorstellung eines Multiversums aus unendlich vielen Realitäten, die sich immer dann bilden, wenn eine Wellenfunktion kollabiert. Da die Wellenfunktion auch auf das gesamte Universum angewendet werden kann (in Form der Wellenfunktion des Universums, siehe Seite 60), bedeutet das, dass sich diese Theorie auch auf den Makrobereich auswirken könnte. Jede Entscheidung, die wir treffen, könnte eine andere Realität erzeugen, in der wir eine andere Wahl getroffen haben, mit jeder möglichen Version unserer Existenz in diesen parallelen Welten.

Das Problem ist, dass es keine offensichtliche Möglichkeit gibt, zu überprüfen, ob die Viele-Welten-Theorie stimmt, da wir diese anderen Realitäten nicht erreichen können. Aufgrund dieser Unüberprüfbarkeit behaupten einige Forscher, die Theorie sei nicht wissenschaftlich. Für einige spannende Science-Fiction- und Comicbuch-Verfilmungen hat das Konzept des Multiversums aber immerhin gesorgt.

DIE VIELE-WELTEN-INTERPRETATION

Die Viele-Welten-Interpretation führt zu einer überwältigenden Schlussfolgerung: Jeder mögliche Quantenzustand tritt irgendwo in einer anderen Realität oder einem anderen Universum tatsächlich ein. Astronomen und Kosmologen haben diese Interpretation der Quantenphysik begeistert aufgegriffen, da einige ihrer Theorien – wie die chaotische Inflation oder die Stringtheorie – ebenfalls andere Realitäten vorschlagen. Wir könnten demnach also in einem Multiversum mit unendlich vielen Universen leben, das jedes Mal, wenn eine Messung erfolgt und eine Wellenfunktion kollabiert, unzählige neue Universen für jeden möglichen Quantenzustand hervorbringt.

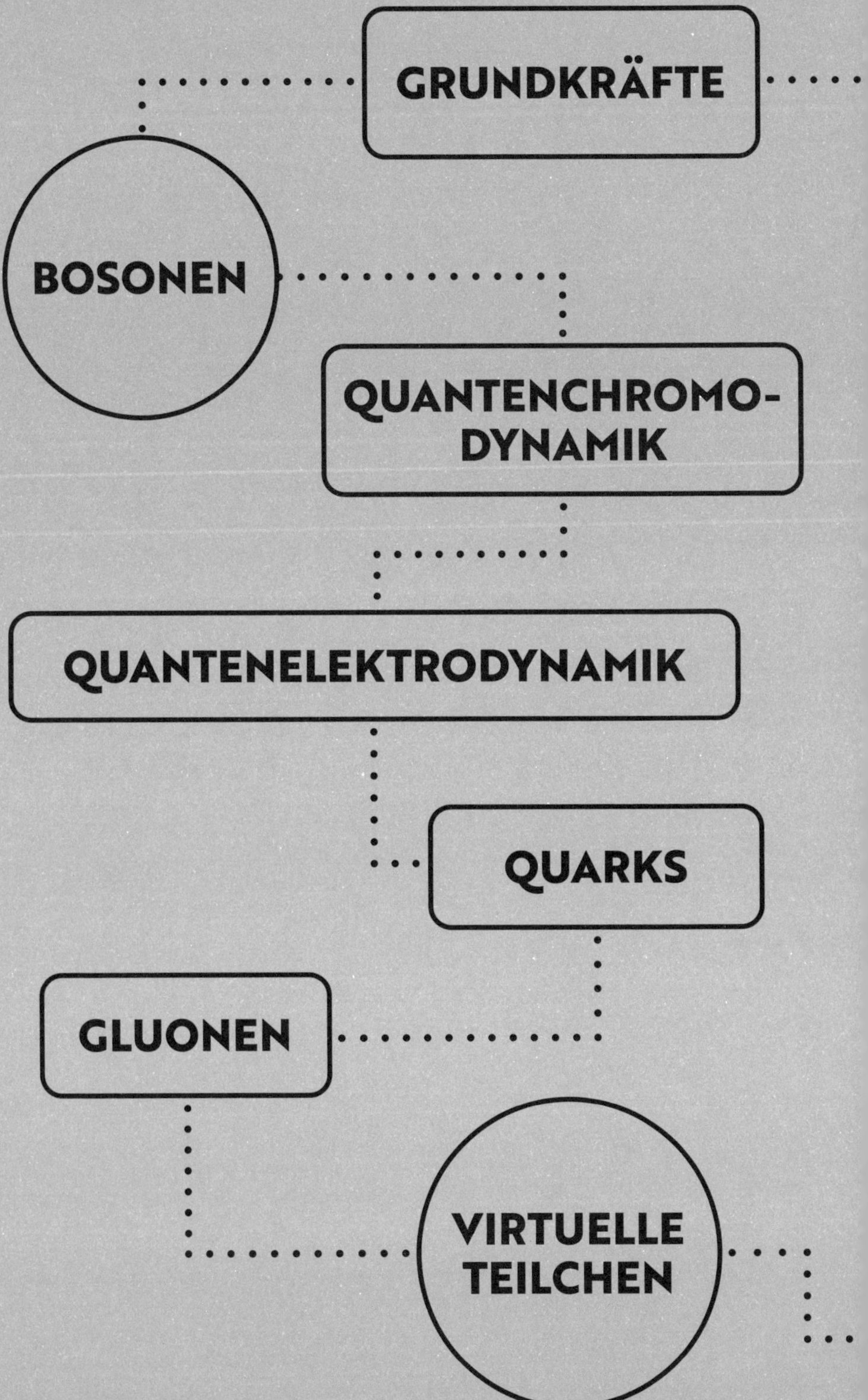
GRUNDKRÄFTE
BOSONEN
QUANTENCHROMO-
DYNAMIK
QUANTENELEKTRODYNAMIK
QUARKS
GLUONEN
VIRTUELLE
TEILCHEN

KAPITEL 6

QUANTEN-FELDER

GRAVITONEN

QUANTEN-GRAVITATION

LARGE HADRON COLLIDER

HIGGS-BOSON

CASIMIR-EFFEKT

QUANTENENERGIEFELD

ÜBER DIESES KAPITEL

Es wird Zeit für eine Wendung: Wir stellen die Quantenphysik auf den Kopf und betrachten sie nicht hinsichtlich einzelner Teilchen, sondern als Energiefelder. Wissenschaftler nennen dies die **QUANTENFELDTHEORIE** (QFT).

Es gibt – ob du es glaubst oder nicht – 17 verschiedene Quantenfelder, die das gesamte Universum durchdringen. Zwölf davon sind mit den Standardteilchen verbunden – den Elektronen, Myonen, Tauonen, drei Arten von Neutrinos und sechs verschiedenen **QUARK**-Arten. Die anderen fünf sind mit den vier **GRUNDKRÄFTEN** (auch Wechselwirkungen) der Natur sowie dem **HIGGS-FELD** verknüpft.

Genau diese Naturkräfte stehen jetzt im Mittelpunkt, denn sie sind der Schlüssel zu den Wechselwirkungen zwischen den Quantenteilchen. Zwei von ihnen kennen wir bereits aus dem Alltag: die **ELEKTROMAGNETISCHE KRAFT** und die Gravitation. Die anderen beiden sind Nicht-Teilchenphysikern zwar weniger bekannt, aber nicht weniger entscheidend für die Struktur und das Verhalten von Materie auf atomarer und subatomarer Ebene. Diese Kräfte sind die **STARKE KRAFT** (historisch Kernkraft), die Quarks innerhalb von Protonen und Neutronen zusammenhält, und die **SCHWACHE KRAFT**, die den radioaktiven Zerfall sowie die Erzeugung von Beta-Teilchen (Elektronen) steuert.

Und hier kommen nun die Quantenfelder ins Spiel. Ein Quantenfeld beschreibt die Energie und den Zustand eines Teilchens oder einer Kraft an jedem Punkt in Raum und Zeit. Aufgrund der Unschärfe der Quantenphysik durch die Wellenfunktion unterliegen diese Felder Fluktuationen, die **VIRTUELLE TEILCHEN** erzeugen. Diese leihen sich für den Bruchteil einer Sekunde Energie aus dem Universum und geben sie sofort zurück, um das **ENERGIEERHALTUNGSGESETZ** nicht zu verletzen.

Diese virtuellen Teilchen sind essenziell für elektromagnetische Wechselwirkungen zwischen geladenen Teilchen, wie Protonen und Elektronen in einem Atom.

Um diese Quantenfelder zu verstehen, wurden komplexe mathematische Theorien entwickelt, die alle möglichen seltsamen Quanteneigenschaften beschreiben, zum Beispiel die sogenannte **FARBLADUNG** der Quarks. Aus diesem Grund nennt man die Quantenfeldtheorie der starken Kraft auch **QUANTENCHROMODYNAMIK** (QCD), während die Theorie für die elektromagnetische Kraft **QUANTENELEKTRODYNAMIK** (QED) heißt. Eine Quantenfeldtheorie der schwachen Kraft ist noch in Arbeit und die Suche nach einer Quantenfeldtheorie der Gravitation gilt weiterhin gar als Heiliger Gral der theoretischen Physik.

Ein zentraler Bestandteil der Quantenfeldtheorien sind sogenannte Bosonen. Ohne sie könnten die Felder nicht existieren; sie sind die Trägerteilchen der Felder. Nehmen wir das elektromagnetische Feld als Beispiel: Wir wissen, dass Licht aus schwingenden elektromagnetischen Feldern besteht, die in Form von Photonen quantisiert sind. Wenn Photonen ausgesandt werden, tragen sie das elektromagnetische Feld mit sich. Das Photon ist das Boson des elektromagnetischen Feldes. Auch die anderen drei Grundkräfte haben ihre eigenen Bosonen, mit einer Ausnahme: Das zur Gravitation gehörige Boson – das **GRAVITON** – wurde bis jetzt noch nicht entdeckt.

Das wohl berühmteste Boson ist das Higgs-Boson. Es wurde 2012 mithilfe des riesigen **LARGE HADRON COLLIDER** (LHC) entdeckt und steht in Verbindung mit einem Quantenfeld namens **HIGGS-FELD**, durch das Teilchen, wenn sie mit ihm wechselwirken, ihre Masse erhalten. Mit dieser Entdeckung war das Standardmodell der Teilchenphysik komplett.

QUANTENFELDER – EINE ÜBERSICHT

QUANTENFELDTHEORIE

Das Universum ist angefüllt mit Energiefeldern, die in Form von verschiedenen Bosonen quantisiert sind.

HIGGS-FELD
So wird das Energiefeld genannt, das allen Teilchen ihre Masse verleiht, während sie sich hindurchbewegen.

PETER HIGGS (1929–2024)
Er war ein britischer Physiker, der zusammen mit anderen Forschern 1964 die Existenz des Higgs-Bosons vorhersagte. Für diese Vorhersage erhielt er 2013 den Nobelpreis für Physik.

LARGE HADRON COLLIDER (LHC)
Der LHC ist der leistungsstärkste Teilchenbeschleuniger der Welt. In seinem 27 Kilometer langen unterirdischen Ring können Teilchen auf nahezu Lichtgeschwindigkeit beschleunigt werden.

SCHWACHE KRAFT

So wird eine der vier Grundkräfte der Natur genannt. Sie steuert einen Prozess namens Beta-Zerfall – der radioaktive Zerfall von Atomen – und hat drei Trägerteilchen, die W^+-, W^-- und Z-Bosonen.

STARKE KRAFT

Diese Grundkraft der Natur hält Quark-Teilchen zusammen, um Protonen und Neutronen („Baryonen", die aus drei Quarks bestehen) im Atomkern zu bilden.

QUANTENCHROMODYNAMIK (QCD)
Diese Quantenfeldtheorie beschreibt, wie die starke Kraft von Gluonen vermittelt wird.

FARBLADUNG
So wird eine Eigenschaft von Gluonen und Quarks genannt. Dabei sind nicht wörtlich Farben gemeint. Vielmehr dienen sie der Unterscheidung, sodass wir ihre Interaktion untereinander nachvollziehen können.

QUARKS
Diese fundamentalen Teilchen bilden die Bausteine von sogenannten Baryonen (bestehend aus drei Quarks) und Mesonen (bestehend aus zwei Quarks).

GLUONEN
Das Boson der starken Kraft ist das sogenannte Gluon.

BOSONEN

KRÄFTE

GRUNDKRÄFTE DER NATUR
Sie regeln die Wechselwirkungen von Teilchen im Universum. Es gibt vier Grundkräfte: die starke Kraft, die schwache Kraft, die elektromagnetische Kraft und die Gravitationskraft.

SKALARFELD
In einem solchen Feld herrscht keine Einheitlichkeit, sondern jeder Punkt in Raum und Zeit hat ein eigenes Energieniveau. Quantenfelder sind skalare Felder.

ELEKTROMAGNETISCHE KRAFT
Diese Grundkraft steuert mithilfe von schwingenden elektrischen und magnetischen Feldern das Licht und den elektrischen Strom. Ihr Boson ist das Photon.

GRAVITATIONSKRAFT
Die Kraft der Schwerkraft ist eine Fernkraft und die schwächste der vier Grundkräfte der Natur.

PHOTONEN

QUANTENELEKTRODYNAMIK (QED)
Diese Quantentheorie beschreibt die elektromagnetische Kraft und wie sie über Photonen und virtuelle Photonen interagiert.

VIRTUELLE TEILCHEN
So werden Teilchen genannt – insbesondere Photonen – die zwischen Existenz und Nicht-Existenz hin und her springen und dafür Energie vom Universum „leihen".

ENERGIEERHALTUNG
Dieses fundamentale Gesetz des Universums besagt, dass Energie nicht erzeugt oder vernichtet werden kann; sie kann nur ihre Form ändern.

GRAVITON
Das hypothetische Trägerteilchen der Gravitationskraft ist zu schwierig zu detektieren, wird vom Standardmodell der Physik jedoch vorhergesagt.

RAUMZEIT
So wird das Gewebe von Raum und Zeit genannt, wobei die Gravitation eine Verzerrung der Raumzeit durch die Masse eines Objekts ist. Die Energie dafür stammt von Gravitonen.

Wie wechselwirken Quanten?

In dieser Geschichte dreht sich alles um Kräfte und Felder und ganz besondere Teilchen – Bosonen genannt –, die die Grundkräfte der Natur von einem zum anderen Teilchen übertragen.

Teilchen interagieren miteinander durch eine der vier Grundkräfte der Natur. Diese sind die schwache Kraft, die starke Kraft, der Elektromagnetismus und die Gravitation.

Die schwache Kraft steuert die Radioaktivität. Sie ist es, die den Zerfall eines radioaktiven Atoms wie Plutonium ermöglicht. Sie wird als „schwach" beschrieben, da ihre Reichweite extrem kurz ist und sie im Bereich von einem Milliardstel eines Milliardstels eines Meters wirkt.

Die starke Kraft hält die Quarks innerhalb von Atomkernen zusammen. Sie wirkt im Bereich von einem Millionstel eines Milliardstels eines Meters, weshalb sie im Vergleich zur schwachen Wechselwirkung als „stark" gilt.

Die letzten beiden Kräfte haben eine größere Reichweite. Die elektromagnetische Kraft steuert die Wechselwirkungen zwischen geladenen Teilchen wie Elektronen und Protonen sowie die Bildung von Bindungen innerhalb von Molekülen (also von Gruppen von Atomen). Schlussendlich bleibt noch die Gravitation, die uns allen bekannt ist. Sie hält unsere Füße auf dem Boden, die Planeten auf ihren Umlaufbahnen um die Sonne und bewahrt Galaxien vor dem Auseinanderdriften. Was uns allerdings fehlt, ist eine Quantentheorie der Gravitation, die beschreibt, wie Gravitation im sehr kleinen Maßstab funktioniert.

Jede dieser fundamentalen Wechselwirkungen wird von einer speziellen Art von Teilchen getragen, die Boson genannt wird. Für die schwache Kraft werden die Bosonen etwas esoterisch als W^+, W^- und Z bezeichnet. Die starke Kraft wird von Gluonen getragen, die zwischen Quarks umherschwirren. Von den Trägerteilchen der elektromagnetischen Kraft – den Photonen – haben wir bereits gehört und der Träger der Gravitation bleibt unentdeckt, aber wir bezeichnen dieses theoretische Teilchen als Graviton.

Physiker stellen sich diese Kräfte hingegen nicht als Teilchen vor, sondern als Energiefelder, die das Universum durchdringen. Diese Felder sind in Form der verschiedenen Bosonen quantisiert, weshalb wir sie Quantenfelder nennen. Mittels dieser Felder sind Wissenschaftler in der Lage dazu, die Stärke der vier Kräfte zu einem bestimmten Zeitpunkt an einem bestimmten Ort im Raum im gesamten Universum zu definieren und zu erklären, wie Teilchen miteinander interagieren.

DIE VIER GRUND-KRÄFTE DER NATUR

Der Elektromagnetismus beschreibt elektrische und magnetische Felder. Die Schwerkraft hält unter anderem die Planeten auf ihren Umlaufbahnen um die Sonne. Die starke Kraft bindet Teilchen in Atomen zusammen und die schwache Kraft ist für den radioaktiven Zerfall verantwortlich. Diese Kräfte steuern die Wechselwirkungen von Teilchen und Materie vom Reich der Quanten bis hin zum Universum.

ELEKTROMAGNETISMUS

GRAVITATION

STARKE KRAFT

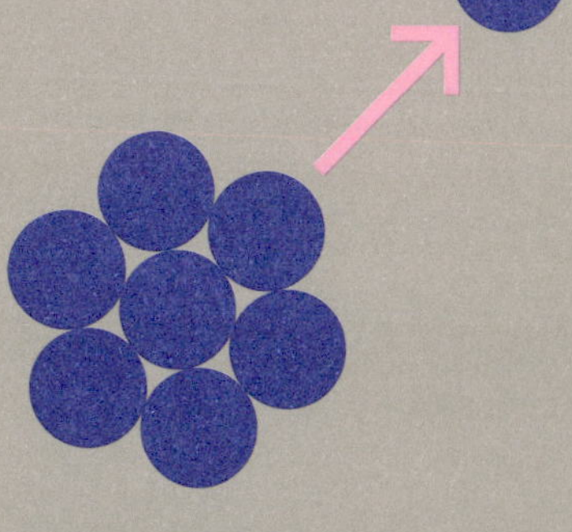

SCHWACHE KRAFT

Wodurch werden Teilchen zusammengehalten?

→ Bringen wir nun ein wenig Farbe ins Spiel, wenn wir die Quantentheorien erklären, die hinter den fundamentalen Wechselwirkungen der Natur stecken.

Fangen wir mit den Bausteinen der Atome an, den Protonen und Neutronen. Jedes dieser Teilchen besteht aus drei noch kleineren Teilchen, den sogenannten Quarks. Von ihnen gibt es verschiedene Arten, doch das spielt im Moment noch keine Rolle. Die Quarks werden durch die starke Kraft zusammengehalten – und zwar so fest, dass wir niemals ein einzelnes Quark sehen, außer bei den heftigsten Kollisionen in Teilchenbeschleunigern.
Die Manifestation der starken Kraft ist ihr Boson, das Gluon. Und dank einer Quantenfeldtheorie namens Quantenchromodynamik (QCD) können Gluonen die Quarks aneinanderbinden. Gluonen besitzen eine Eigenschaft namens Farbladung, von der es sechs mögliche Werte gibt, nämlich Rot, Grün und Blau, jeweils im Positiven und im Negativen. Um das klarzustellen: Diese Bezeichnungen stehen nicht für echte Farben – sie wurden lediglich zur Unterscheidung gewählt. Sie sind auch keine elektrischen Ladungen. Quarks besitzen diese Farbladungen ebenfalls und entgegengesetzte Farbladungen, wie etwa positive Rot- und negative Rot-Ladung, ziehen sich an (genau wie positive und negative elektrische Ladungen sich anziehen). Auf diese Weise sind Gluonen in der Lage dazu, Quarks in Dreierbündeln (die Protonen und Neutronen bilden) oder in Zweierbündeln (die kurzlebige Teilchen namens Mesonen formen) aneinander zu binden. Falls das alles etwas abstrakt klingt, liegt es daran, dass die Mathematik dahinter unglaublich komplex ist!
Das sind also Protonen und Neutronen, die Atomkerne bilden. Um ein vollständiges Atom zu erhalten, müssen wir außerdem noch Elektronen hinzufügen. Sie bleiben dank der elektromagnetischen Kraft bei den Atomkernen. Die elektromagnetische Kraft wird durch ihre eigene Quantenfeldtheorie namens Quantenelektrodynamik (QED) beschrieben. Neutronen haben keine elektrische Ladung, doch Protonen sind positiv geladen und Elektronen negativ. Die QED sagt uns, dass diese entgegengesetzten Ladungen durch den Austausch eines Photons miteinander interagieren. Wissenschaftler nennen diese Photonen „virtuelle" Photonen, da sie nur kurzlebige Fluktuationen im quantenelektromagnetischen Feld sind und ausschließlich zur Vermittlung der Teilcheninteraktion existieren. Da kann man wirklich von virtueller Realität sprechen!

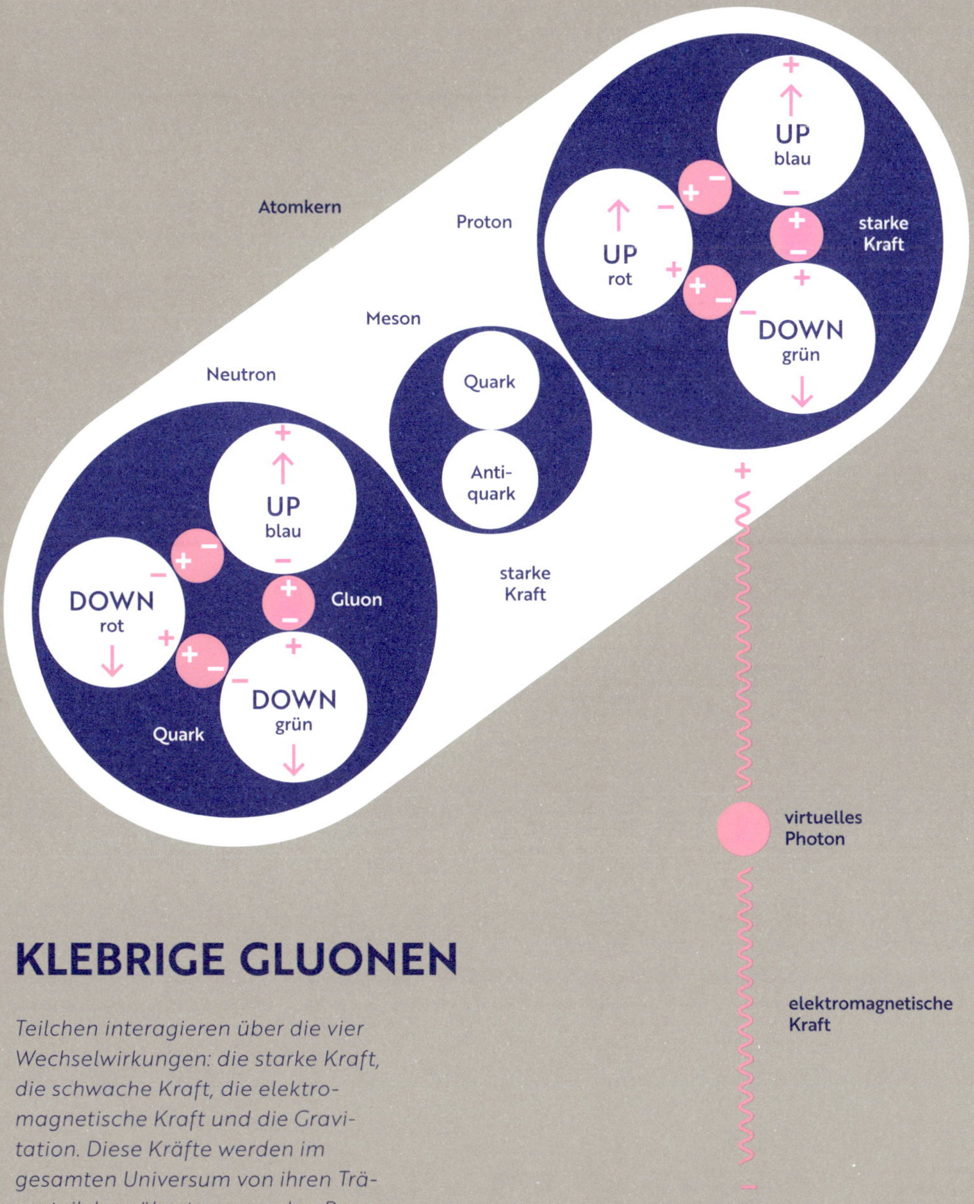

KLEBRIGE GLUONEN

Teilchen interagieren über die vier Wechselwirkungen: die starke Kraft, die schwache Kraft, die elektromagnetische Kraft und die Gravitation. Diese Kräfte werden im gesamten Universum von ihren Trägerteilchen übertragen – den Bosonen, die die Quantisierung der Quantenfelder darstellen, die diese Kräfte repräsentieren. So sind beispielsweise winzige Quarks durch Teilchen namens Gluonen miteinander verbunden, die die starke Kraft übertragen, die von den Quarks über eine Entfernung von nur einem Billiardstel Meter wahrgenommen wird – eine Entfernung, die als Femtometer bezeichnet wird.

Können wir Energie aus dem Nichts erzeugen?

Erstaunlicherweise: Ja! Das Universum stellt tatsächlich Energie aus dem Nichts zur Verfügung. Doch wie alles, was zu gut klingt, um wahr zu sein, gibt's das nicht kostenlos. Wie ein Kredit bei einer Bank muss diese Energie zurückgezahlt werden.

Versuchen wir uns – wenn möglich – ein Quantenfeld vorzustellen, das das gesamte Universum ausfüllt. Es gleicht einem Ozean aus roher, brodelnder Energie, der durch Wellenfunktionen beschrieben wird. Erinnern wir uns außerdem daran, was eine Wellenfunktion aussagt: Sie ist eine Wahrscheinlichkeitsverteilung für eine bestimmte Quanteneigenschaft eines Teilchens, zum Beispiel für seinen Impuls oder seine Energie.

Quantenfelder sind sogenannte Skalarfelder. Sie sind nicht einheitlich, sondern beschreiben das Energieniveau an jedem beliebigen Punkt in Raum und Zeit, und zwei Punkte müssen nicht zwangsläufig dieselbe Energie haben. Jeder Punkt in einem Quantenfeld wird durch eine Wellenfunktion bestimmt, was bedeutet, dass ein Photon in einem Punkt mit einer bestimmten Wahrscheinlichkeit existiert oder nicht existiert – und der Punkt damit einfach leerer Raum ist. Anders ausgedrückt: Ein Photon oder ein anderes Boson kann scheinbar aus dem Nichts auftauchen. Diese Teilchen nennen wir „virtuelle" Teilchen, da sie aufgrund des Gesetzes der Energieerhaltung extrem kurzlebig sind. Dieses Gesetz besagt, dass Energie weder erzeugt noch vernichtet werden kann – im Universum existiert noch immer dieselbe Energiemenge wie beim Urknall. Um die Energieerhaltung nicht zu verletzen, spricht man davon, dass das Photon sich Energie vom Universum „leiht", – und in kürzester Zeit (in weniger als zehn Millionen Milliarden Milliarden Milliardstel einer Sekunde) muss es diese zurückzahlen und verschwindet wieder.

Die meisten Bosonen, die an Teilchenwechselwirkungen beteiligt sind, sind virtuelle Teilchen – beispielsweise die Photonen, die die elektromagnetische Kraft zwischen Teilchen vermitteln, oder die W^+-, W^-- und Z-Bosonen, die die schwache Wechselwirkung übertragen. Das ist wieder mal ein Beispiel dafür, wie die Quantenphysik scheinbar Logik und gesunden Menschenverstand austrickst.

VIRTUELLE REALITÄT

Quantenfluktuationen im scheinbar leeren Raum, die aus der Wahrscheinlichkeitswellenfunktion eines Quantenfeldes resultieren, können virtuelle Teilchen erzeugen, die nur für 10^{-43} *Sekunden existieren, bevor sie wieder verschwinden. Der Grund für ihre Kurzlebigkeit liegt im Gesetz der Energieerhaltung, an das sich das Universum halten muss – auch wenn es scheinbar für eine sehr kurze Zeitspanne ein Auge zudrückt.*

Kann leerer Raum Spiegel zusammendrücken?

→ Eine Kraft, die buchstäblich aus dem Nichts kommt, kann – dank der schwarzen Magie der Fluktuationen im Quantenenergiefeld – tatsächlich zwei nah beieinander stehende Spiegelplatten zusammenschieben.

Im Jahr 1948 erkannte der niederländische Physiker Hendrik Casimir (1909–2000), dass zwei glänzende Metallplatten oder Spiegel, die in einem Abstand von nur wenigen Nanometern zueinander angeordnet sind, auch im scheinbaren Vakuum zusammengedrückt – oder besser: zusammengezogen – werden. Die Ursache dafür sind Fluktuationen im elektromagnetischen Quantenfeld des scheinbar leeren Raums. Dieses Verhalten nennen wir den Casimir-Effekt.

Er ist möglich, weil Quantenfluktuationen im elektromagnetischen Feld virtuelle Photonen sowohl im nanometergroßen Raum zwischen den Spiegeln als auch in der Umgebung um die Spiegel herum erzeugen.

Da allerdings der Spalt zwischen den Spiegeln winzig ist, können in diesem Spalt nur virtuelle Photonen kurzer Wellenlänge entstehen.

Je kürzer die Wellenlänge ist, desto größer ist die Frequenz und desto höher ist die Quantenenergie, die aus dem „Äther" zwischen den Spiegeln herauszischt. Dadurch erzeugen die virtuellen Teilchen einen Druck auf die Oberflächen der Spiegel und drücken sie auseinander.

Außerhalb der Spiegel, wo mehr Platz ist, können sich virtuelle Teilchen aller Wellenlängen materialisieren und üben eine Kraft auf jeden Spiegel aus, die versucht, sie zusammenzudrücken. Es zeigt sich, dass die kombinierte Kraft der virtuellen Teilchen, die versuchen, die Spiegel zusammenzudrücken, etwas größer ist als die Kraft im Zwischenraum, die versucht, sie auseinanderzudrücken. Somit gewinnt unterm Strich der Druck von außen und die im Vakuum enthaltene Quantenenergie zieht die Spiegel zusammen, ohne dass eine andere Kraft – sei es eine physikalische oder eine Quantenkraft – auf sie einwirkt. Das ist alles schön und gut, wirst du jetzt denken; eine wissenschaftliche Kuriosität. Wir treten jedoch zunehmend in das Zeitalter der Nanotechnologie ein, und in diesem ist der Casimir-Effekt durchaus von Bedeutung. Heute wird er sogar in der Entwicklung von Nanomaschinen und integrierten Schaltkreisen genutzt.

DER CASIMIR-EFFEKT

Beim Casimir-Effekt versuchen virtuelle Teilchen, die in der nanometergroßen Lücke zwischen zwei Spiegelplatten entstehen, die Spiegel auseinanderzudrücken. Die virtuellen Teilchen außerhalb der Spiegel erzeugen jedoch eine etwas stärkere Kraft, die die Spiegel zusammendrücken will. Erstaunlicherweise kann dies in einem vollständigen Vakuum stattfinden, und die anziehende Kraft resultiert aus der rohen, brodelnden Energie von fluktuierenden Quantenfeldern im Vakuum des leeren Raums.

Was ist das Gottesteilchen?

Erstens: Nenn es niemals so, es sei denn, du willst einen wütenden Physiker vor deiner Tür stehen haben. Zweitens: Es verleiht allem im Universum Masse.

Im Jahr 1964 sagten eine Reihe wissenschaftlicher Arbeiten etwas Revolutionäres voraus: ein neues Quantenfeld und ein dazugehöriges Boson, das anderen Teilchen Masse verleiht. Sie wurden als Higgs-Feld und Higgs-Boson bezeichnet, nach dem britischen Physiker Peter Higgs (1929–2024). Es sollte schließlich 48 Jahre dauern, bis das Higgs-Boson vom Large Hadron Collider (LHC) entdeckt wurde. Seitdem wird es als „Gottesteilchen" bezeichnet, doch Wissenschaftlern ist dieser Begriff ein Dorn im Auge, da das Teilchen natürlich nichts mit Religion zu tun hat.

Die Idee hinter dieser Higgs-Sache stammt aus einem Problem, das sich bei Versuchen, eine Quantenfeldtheorie für die schwache Kraft zu entwickeln, ergab. Wir wissen, dass die W^+-, W^-- und Z-Bosonen Masse besitzen, doch die Quantenfeldtheorie sagte voraus, dass sie masselos sein müssten, es sei denn, etwas namens Symmetrie würde gebrochen. Diese Symmetrie beschreibt gewissermaßen, dass sich bestimmte Naturgesetze umkehren lassen und trotzdem gleich aussehen und funktionieren können.

Um den W^+-, W^-- und Z-Bosonen Masse zu verleihen, entwickelten Wissenschaftler die Idee des Higgs-Felds: ein Quantenfeld, das durch das Higgs-Boson getragen wird. Es umgeht das Symmetrieproblem, da es bereits direkt nach dem Urknall symmetrisch war. Allerdings war es instabil, wie ein Bleistift, der auf seiner Spitze steht, und brach schnell seine Symmetrie, wodurch nicht nur die W^+-, W^-- und Z-Bosonen Masse erhielten, sondern alle Teilchen – einschließlich des Higgs-Bosons selbst.

Stell dir zur Veranschaulichung einmal vor, du müsstest durch Sirup stapfen. Dann würden manche Teilchen tiefer einsinken und du müsstest mehr Energie aufbringen, um sie zu bewegen – das wären die massereicheren Teilchen –, während die leichteren Teilchen an der Oberfläche gleiten würden. Natürlich ist das Universum nicht wirklich mit einer sirupartigen Substanz gefüllt, doch das Higgs-Feld interagiert mit Teilchen auf ähnliche Weise.

HIGGS-BOSON UND -FELD

Das Higgs-Boson ist das Trägerteilchen des Higgs-Felds, das den Teilchen ihre Masse verleiht. Eine häufig verwendete Analogie dafür ist eine Party: Ein anzügliches Gerücht kann sich wie ein Blitz über die Tanzfläche verbreiten – genau wie Teilchen mit geringer Masse das Higgs-Feld leicht durchqueren können.

Taucht jedoch eine sehr beliebte Person, etwa eine Berühmtheit, auf, werden die Leute sie aufhalten und mit ihr sprechen wollen. Dadurch kann sie sich nicht so leicht über die Tanzfläche bewegen – genau wie ein Teilchen, das durch seine Masse gebremst wird.

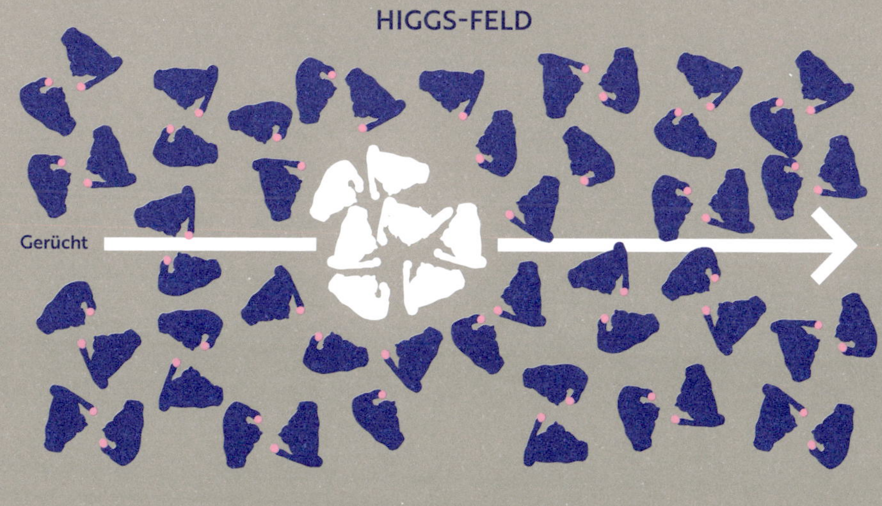

Was ist mit der Gravitation?

→ Die Gravitation ist im Kontext von Quantenfeldern und der Quantentheorie im Allgemeinen etwas Ungewöhnliches. Einstein definierte die Schwerkraft als eine Krümmung der Raumzeit, doch die Quantentheorie beschreibt sie als ein Feld mit einem kraftübertragenden Teilchen.

Im Jahr 1915 revolutionierte Albert Einstein die Physik mit seiner Allgemeinen Relativitätstheorie. Sie erklärte, wie die Gravitation funktioniert: Je massereicher ein Objekt ist, desto stärker ist es in der Lage dazu, die Raumzeit zu krümmen und Gravitationssenken zu erzeugen. Sie sind Vertiefungen in der Raumzeit, in die weniger massereiche Objekte hineinfallen können, wodurch der Effekt der gravitativen Anziehung entsteht.

Doch laut der Quantenfeldtheorie sollte die Schwerkraft als eine der vier Grundkräfte durch ein Energiefeld mit einem Boson namens Graviton existieren, das die Schwerkraft überträgt. Was stimmt nun? Ist sie eine Krümmung der Raumzeit oder eine Kraft, die durch ein Teilchen vermittelt wird?

Auch heute versuchen Physiker noch immer, Einsteins Theorie mit der Quantenfeldtheorie in Einklang zu bringen. Eine Theorie der Quantengravitation gilt als der heilige Gral der theoretischen Physik. Doch tatsächlich hat bisher noch niemand ein Graviton entdeckt. Man geht allerdings auch davon aus, dass einzelne Gravitonen vermutlich so schwach mit normaler Materie wechselwirken würden, dass sie nahezu unmöglich zu detektieren wären – es sei denn, jemand entwickelt ein cleveres Experiment, um sie möglicherweise indirekt nachzuweisen. Normalerweise würden wir die Gravitation nicht als „schwach" bezeichnen, doch tatsächlich ist sie nicht besonders stark: Es braucht einen Planeten von der Größe der Erde, um uns auf dem Boden zu halten, während ein Magnet leicht die Schwerkraft überwinden und ein Metallstück in der Luft halten kann.

Laut der Theorie spielt die Energie der Gravitonen eine wichtige Rolle bei der Krümmung der Raumzeit, daher würde ein Graviton statt mit Teilchen mit der Raumzeit selbst wechselwirken. Doch bis eine Quantentheorie der Gravitation entwickelt wird, die mathematisch erklären kann, wie all das möglich ist, bleibt das Konzept der Gravitonen unvollständig. Es wird vermutet, dass sie – sollten sie existieren – entweder extrem massearm oder sogar masselos sind, ähnlich wie Photonen. Während Photonen allerdings Wellenlängen von Nanometern bis Metern haben, könnte die Wellenlänge eines Gravitons gewaltig sein – möglicherweise bis zu 1,6 Lichtjahre! Kein Wunder also, dass wir bisher keines nachweisen konnten.

GRAVITATIONS-WELLEN

Bei Gravitationswellen handelt es sich um Kräusel in der Raumzeit, verursacht von jedem Objekt mit Masse, das sich durch die Raumzeit bewegt. Normalerweise sind diese Wellen viel zu schwach, um detektiert zu werden, doch in den extremsten Fällen – etwa bei kollidierenden Neutronensternen oder Schwarzen Löchern – sind die Gravitationswellen stark genug, um nachgewiesen zu werden. Das Universum ist förmlich durchzogen von diesen Riffeln und laut der Quantenfeldtheorie sollte jede Gravitationswelle aus Teilchen mit extrem großen Wellenlängen bestehen, die als Gravitonen bezeichnet werden. Diese sind die Bosonen, die die Schwerkraft übertragen.

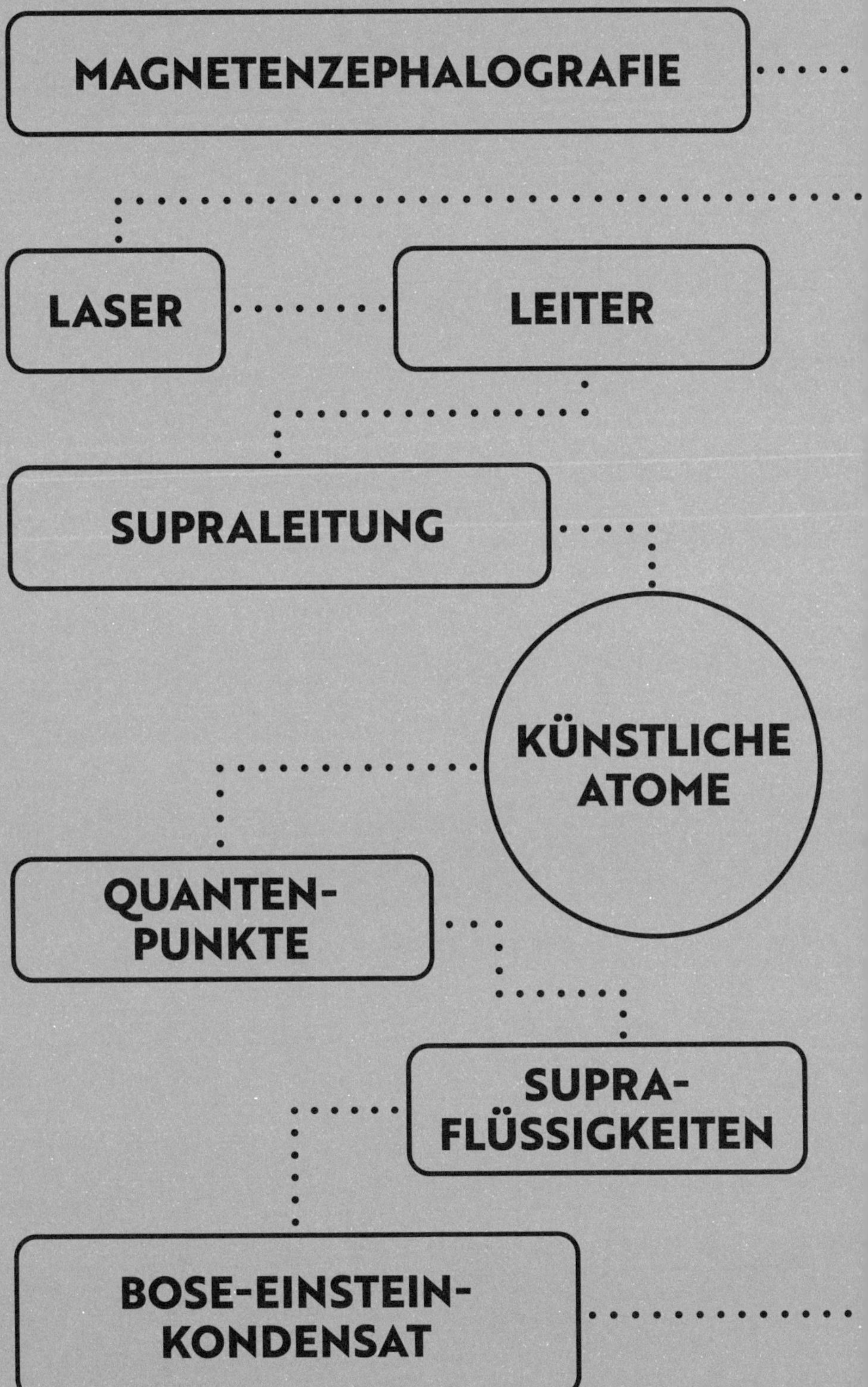
MAGNETENZEPHALOGRAFIE
LASER
LEITER
SUPRALEITUNG
KÜNSTLICHE ATOME
QUANTEN-PUNKTE
SUPRA-FLÜSSIGKEITEN
BOSE-EINSTEIN-KONDENSAT

KAPITEL 7

QUANTEN-ANWENDUNG

JOSEPHSON-EFFEKT

SQUIDS

MAGNET-SCHWEBE-BAHNEN

MAGNETISCHES SCHWEBEN

ÜBER DIESES KAPITEL

Die Quantenphysik kann sich durchaus sehr abstrakt anfühlen, da sie sich mit der Welt im Nanobereich beschäftigt. Doch die zu Tage tretenden Eigenschaften aus dem Verhalten von Teilchen und Licht formen nicht nur die Welt um uns herum, sondern finden auch – denken wir an Konzepte wie beispielsweise den Welle-Teilchen-Dualismus oder die Quantifizierung von Energie – sehr reale und nützliche Anwendungen in der Technologie.

Der preisgekrönte Physiker Brian Josephson fand eine Möglichkeit, den sogenannten **TUNNELEFFEKT** zu nutzen, um elektrischen Strom – in Form von Elektronenbündeln, die als **COOPER-PAARE** bezeichnet werden – über eine ansonsten undurchdringliche, elektrisch isolierende Barriere springen zu lassen, und das alles bei den niedrigen Temperaturen, die für die **SUPRALEITUNG** erforderlich sind. Der Tunneleffekt beschreibt eine faszinierende Fähigkeit von Teilchen im Quantenreich und ist darauf zurückzuführen, dass Teilchen auch als Wellen agieren können. Dann erstreckt sich ihre Wellenfunktion über eine größere Distanz, als das Teilchen es täte, wenn es nur ein abgegrenztes Teilchen wäre.

Stellen wir uns Folgendes vor: Eine verschlängelte Linie, die die Wellenfunktion eines Elektrons darstellt, mit Wellenbergen und -tälern für die Wahrscheinlichkeitsverteilung für den Ort, an dem sich das Elektron befinden könnte, wenn wir es vermessen. Ziehen wir nun irgendwo eine vertikale Linie durch diese Funktion: Das ist die isolierende Barriere. Siehst du, wie sich ein Teil der Wellenfunktion über die Barriere hinaus erstreckt? Demzufolge gibt es eine Chance, dass das Elektron auf der anderen Seite des Isolators erscheint – so, als wäre es durch ihn hindurchgeflossen, was in der klassischen Physik unmöglich wäre. Dieses Phänomen hat wesentliche Auswirkungen auf die Kernfusion und darauf, wie Schwarze Löcher im Weltraum schließlich sterben werden, wenn all ihre Masse durch den Ereignishorizont des Schwarzen Lochs hindurchtunnelt. Bei den massereichsten Schwarzen Löchern könnte das allerdings bis zu 10^{100} Jahre dauern!

Zurück zu den Supraleitern. Mithilfe der Supraleitfähigkeit werden Materialien, die nicht für ihre Leitfähigkeit bekannt sind, plötzlich zu extrem effizienten Leitern, wenn ihre Temperatur unter einen kritischen Wert fällt. In vielen Fällen liegt dieser nur einige Grad über dem absoluten Nullpunkt. Supraleiter sorgen nicht nur dafür, dass ein elektrischer Strom fließt, sondern tun dies auch ohne elektrischen Widerstand oder eine zusätzliche Spannung. Theoretisch könnte ein Strom also für immer durch eine supraleitende Schleife fließen. Dieses Verhalten hat offensichtliche Vorteile, wie zum Beispiel die Reduzierung von Energiekosten oder sauberere Energie, da weniger Energie verschwendet wird und somit von Anfang an weniger Strom erzeugt werden muss. Josephsons Entdeckung, die als **JOSEPHSON-EFFEKT** bekannt wurde, ermöglichte außerdem die Entwicklung magnetischer Messgeräte, die aus einer supraleitenden Schleife bestehen. Diese werden in der **MAGNETENZEPHALOGRAFIE** genutzt, der Darstellung von Magnetfeldern im Gehirn, die in Krankenhäusern durchgeführt werden kann.

Supraleitende Magnete sind so stark, dass sie nicht nur einen Zug anheben, sondern ihn auch auf einer Magnetstrecke antreiben können. **MAGNETSCHWEBEBAHNEN** werden in Südostasien genutzt und ermöglichen schnellen, sauberen Bahnverkehr.

Auch in deinem Zuhause lässt sich Quantenphysik finden. **LASER**, wie der Infrarotlaser in der Fernbedienung deines Fernsehers, basieren auf Quanteneffekten und künstliche Atome, sogenannte **QUANTENPUNKTE**, sorgen für eine überlegene Farbsättigung und einen besseren Kontrast in Ihrem 4K-LED-Fernseher. Wenn du also das nächste Mal gefragt wirst, wozu Quantenphysik überhaupt gut ist, könntest du diese Beispiele aus dem Alltag nennen.

QUANTENANWENDUNG – EINE ÜBERSICHT

TEILCHEN

TUNNELEFFEKT

So wird die Fähigkeit der Wellenfunktion eines Teilchens genannt, sich über eine Barriere hinaus auszudehnen. Dadurch erhält das Teilchen eine kleine Chance, auf der anderen Seite der Barriere zu erscheinen.

JOSEPHSON-EFFEKT

Er beschreibt die Fähigkeit elektrischer Ströme, ohne elektrischen Widerstand zwischen zwei supraleitenden Schleifen zu fließen.

HAWKING-STRAHLUNG

Sie beschreibt die Emission von Teilchen aus Schwarzen Löchern und entsteht, wenn Teilchen, die sich sehr nah am Rand des Schwarzen Lochs (Ereignishorizont) befinden, diesen durchtunneln.

JOSEPHSON-KONTAKT

Diese Art von elektrischem Schaltkreis besteht aus zwei supraleitenden Schleifen, die durch ein dünnes isolierendes Material getrennt sind. Elektronen oder Cooper-Paare können durch den Isolator tunneln.

COOPER-PAARE

Diese Elektronenpaare sind in der Lage dazu, elektrisch isolierende Barrieren mithilfe des Tunneleffekts zu durchqueren.

SIGNALE

SQUIDS

„Supraleitende Quanteninterferenzgeräte", kurz SQUIDs, enthalten supraleitende Magnete und werden zur Detektion elektrischer Signale im Gehirn verwendet.

MAGNETENZEPHALOGRAFIE

Dabei handelt es sich um eine Technik zur Kartierung und zum Monitoring des menschlichen Gehirns, bei der elektrische Signale zwischen Neuronen detektiert werden.

ELEKTRONEN

SUPRALEITUNG
So wird die Fähigkeit bestimmter Materialien genannt, elektrischen Strom bei sehr niedriger Temperatur ohne jeglichen elektrischen Widerstand zu leiten.

LEITER
Ein Leiter ist ein Material, das die Übertragung oder Absorption von thermischer oder elektrischer Energie ermöglicht. Die Leitfähigkeit von Halbleitern liegt zwischen der von Leitern und Isolatoren.

QUANTENPUNKTE
Auch bekannt als „künstliche Atome", sind Quantenpunkte dreidimensionale Elektronenpakete auf Supraleitern, die Photonen mit spezifischen Wellenlängen emittieren.

LASER
Ein Laser – kurz für Lichtverstärkung durch stimulierte Emission von Strahlung – ermöglicht einen kohärenten und intensiven Lichtstrahl.

MAGNETSCHWEBEN (MAGLEV)
Magnete aus supraleitenden Materialien sind stärker als gewöhnliche Magnete und ermöglichen, dass schwere Objekte schweben können.

MAGNETSCHWEBEBAHNEN
Darunter versteht man einen Zug, der über einer supraleitenden Strecke schwebt, anstatt auf Schienen zu fahren. Abwechselnde magnetische Pole sorgen für die Fortbewegung des Zuges.

SUPRAFLUIDITÄT
Fast bis zum absoluten Nullpunkt heruntergekühlt, nehmen Supraflüssigkeiten wie flüssiges Helium bizarre Eigenschaften an und sind in der Lage, Wände hinaufzukriechen oder durch kleinste Löcher zu fließen.

BOSE-EINSTEIN-KONDENSAT
So wird ein Aggregatzustand von Materie bezeichnet, in dem Bosonen auf ihr niedrigstmögliches Energieniveau abgekühlt werden. Suprafüssiges Helium ist ein Bose-Einstein-Kondensat.

Wie viele Photonen ergeben einen Laser?

→ Laser sind der Inbegriff von „aus wenig mach viel“: Ein paar Photonen vervielfachen sich rasant um Größenordnungen und erzeugen einen intensiven Lichtstrahl, dem deine Katze hinterherjagen kann.

Lass uns nun über die Lichtverstärkung durch stimulierte Emission von Strahlung sprechen. Das mag technisch klingen, doch würdest du mir glauben, wenn ich dir sagte, dass du sowas jeden Tag nutzt? Besser bekannt ist dieses Phänomen nämlich unter seinem Akronym: Laser, kurz nach dem englischen „Light Amplification by Stimulated Emission of Radiation“ – genau die Technologie, die es uns ermöglicht, mit der Fernbedienung den Kanal zu wechseln, an der Supermarktkasse Barcodes zu scannen, durch Alarmanlagen vor Einbrechern zu warnen und Katzen stundenlang mit einem Laserpointer zu unterhalten, basiert auf Quantenphysik. Genauer gesagt auf dem Welle-Teilchen-Dualismus und der quantisierten Emission von Photonen, wenn angeregte Elektronen zwischen Energieniveaus hin- und herspringen (siehe Seite 20). Doch wie funktioniert dieses Stück Quantenmagie in unserer Hosentasche?

Zwei der Hauptkomponenten eines Lasers sind das Lasermedium (auch laseraktives Medium) und eine Resonanzkammer (auch Resonator). Das laseraktive Medium kann ein Gas oder ein Kristall sein – die ersten Laser, die 1960 vom Amerikaner Charles Townes (1915–2015) erfunden wurden, verwendeten Rubine. Wenn entweder ein elektrisches Feld oder Photonen mit dem Lasermedium interagieren, bringen sie die Elektronen in den Atomen des Mediums in einen angeregten Zustand. Die Elektronen springen vorübergehend von ihrem niedrigsten Energieniveau auf ein höheres (wenn wir an die Elektronenschalen um einen Atomkern denken, bewegen sich die Elektronen von einer inneren auf eine weiter außen liegende Schale um den Kern). Diese Situation ist allerdings instabil, sodass die Elektronen schnell wieder in ihren ursprünglichen Zustand zurückfallen und ihre überschüssige Energie als Photon abgeben. Aufgrund des sorgfältig ausgewählten Lasermediums haben all diese Photonen die gleiche Wellenlänge beziehungsweise Farbe, doch sie werden nicht alle gleichzeitig emittiert. Vielmehr werden sie in einem Resonator gefangen, in dem sie zwischen Spiegeln hin und her reflektiert werden, wodurch weitere Elektronen angeregt und somit weitere Emissionen stimuliert werden. Die Photonen vermehren sich rasant und alle sind kohärent. Das bedeutet, dass sich die Wellenberge und -täler ihrer Wellenlänge perfekt ausrichten. Dadurch entsteht ein intensiver Laserstrahl.

LASERPOWER

Betrachten wir den Querschnitt eines Lasers, lässt sich veranschaulichen, wie er funktioniert: Ein Resonator ist mit einem laseraktiven Medium gefüllt, das oftmals ein Gas ist. Regt ein elektrischer Strom die Emission von Photonen aus angeregten Elektronen an, prallen diese innerhalb der Kammer vor und zurück und stimulieren die Emission weiterer Photonen. Dadurch erhöht sich die Anzahl der emittierten Photonen exponentiell – ein stark gebündelter Laserstrahl entsteht.

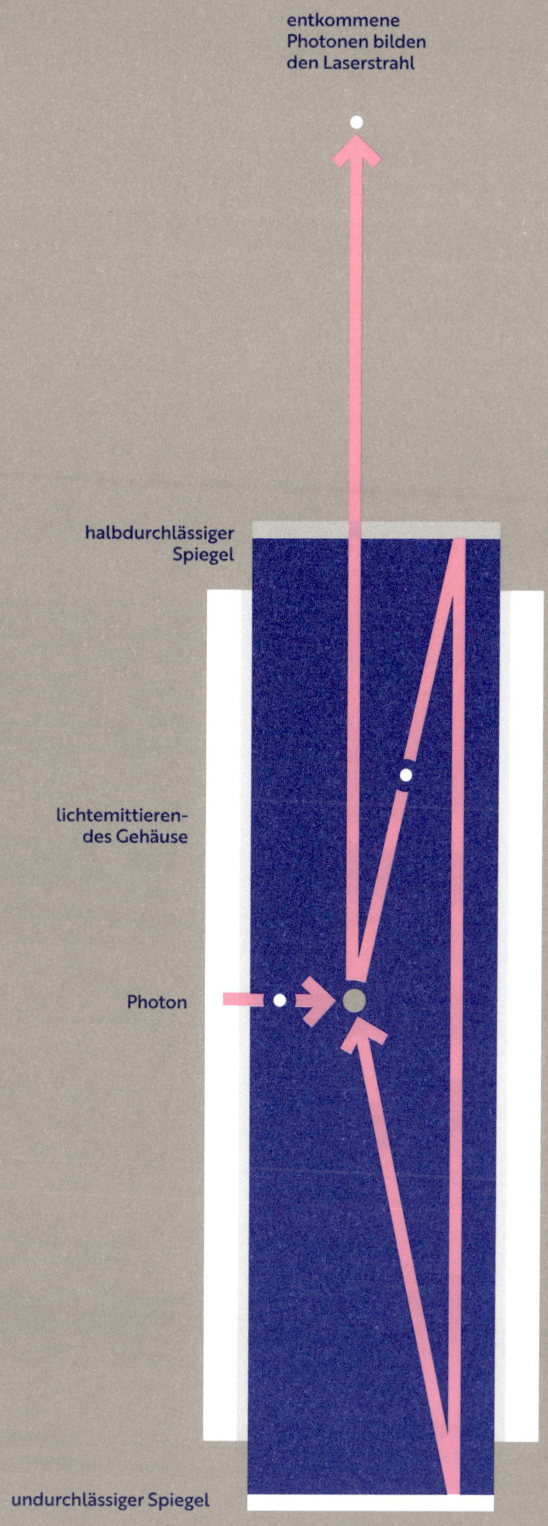

Wann ist ein Leiter ein Leiter?

→ Nicht alle Leiter sind gleich – einige Materialien sind gewöhnliche, ineffiziente Leiter für Elektrizität, bis sie extrem niedrigen Temperaturen ausgesetzt sind und ihre leitenden Superkräfte aktivieren.

Als einen Leiter bezeichnet man ein Material, das den Fluss elektrischer Ladung oder thermischer Energie ermöglicht. Dabei sind manche Materialien bessere Leiter als andere: Ein Holzlöffel wird nicht so schnell heiß und leitet keinen Strom, während Metalle Wärme und Elektrizität effizient übertragen. Die Eigenschaft, die die Leitfähigkeit bremst, nennt man Widerstand. Aus der Schulzeit kennst du vermutlich noch Leiter und Widerstände aus Experimenten mit einfachen Schaltkreisen.

Doch einige Nichtleiter werden plötzlich zu Supraleitern, wenn sie auf niedrige Temperaturen abgekühlt werden – und wenn wir „niedrig" sagen, dann meinen wir das auch: In vielen Fällen liegen die Temperaturen für Supraleitung nahe dem absoluten Nullpunkt. Die Suche nach einem Supraleiter, der bei Raumtemperatur funktioniert, gleicht der Suche nach dem heiligen Gral der Physik. Dabei sind es ihre außergewöhnlichen Eigenschaften, die Supraleiter so begehrt machen: Werden diese Materialien auf genügend niedrige Temperaturen heruntergekühlt, verschwindet jeglicher elektrische Widerstand und magnetische Felder werden abgestoßen, sodass ein elektrischer Strom theoretisch für immer durch einen Stromkreis fließen kann, ohne Energie durch Widerstand zu verlieren. Dieser Strom wird als Suprastrom bezeichnet.

Eine Technologie, die auf Supraleitung basiert, wäre unglaublich effizient und sauber – einmal in Gang gesetzt, müsste keine zusätzliche Energie zugeführt werden. Deshalb suchen Physiker nach Materialien, die bei höheren Temperaturen supraleitend werden. Der derzeitige Rekord für solche sogenannten Hochtemperatursupraleiter liegt bei –23 Grad Celsius für Lanthandecahydrid, allerdings nur unter sehr hohem Druck.

Und wie sollte es anders sein: Supraleitung ist ein Phänomen der Quantenphysik, das auf clevere Art und Weise den elektrischen Widerstand umgeht. Stell dir den Widerstand als geladene Atome (Ionen) in einem leitenden Material vor, die schwingen. Dadurch wird der Elektronenfluss im elektrischen Strom gehemmt. In supraleitenden Materialien paaren sich die Ionen bei bestimmten Temperaturen plötzlich mit anderen Ionen in ähnlichen Quantenzuständen – dem Pauli-Prinzip (siehe Seite 40) zum Trotz. Die Energie dieser Ionenpaare nimmt ab und sie öffnen eine Lücke im Ionengitter, wodurch der elektrische Strom ungehindert fließen kann. Kurz gesagt: Die atomare Struktur des supraleitenden Materials verändert sich.

SUPRALEITUNG: DER EWIGE STROM

Die molekulare Struktur eines supraleitenden Materials namens Magnesiumdiborid besteht aus Magnesiumatomen (in der Grafik rosa dargestellt) und Boratomen (in der Grafik blau). Fällt das Magnesiumdiborid unter eine kritische Temperatur von −234 Grad Celsius, nehmen Magnesium- und Borpaare ähnliche Quantenzustände an. Dies verändert die atomare Struktur des Magnesiumdiborids und ermöglicht, dass ein elektrischer Strom ungehindert fließt – ein Supraleiter entsteht. Der elektrische Strom wird als Suprastrom bezeichnet und kann – theoretisch – für immer fließen.

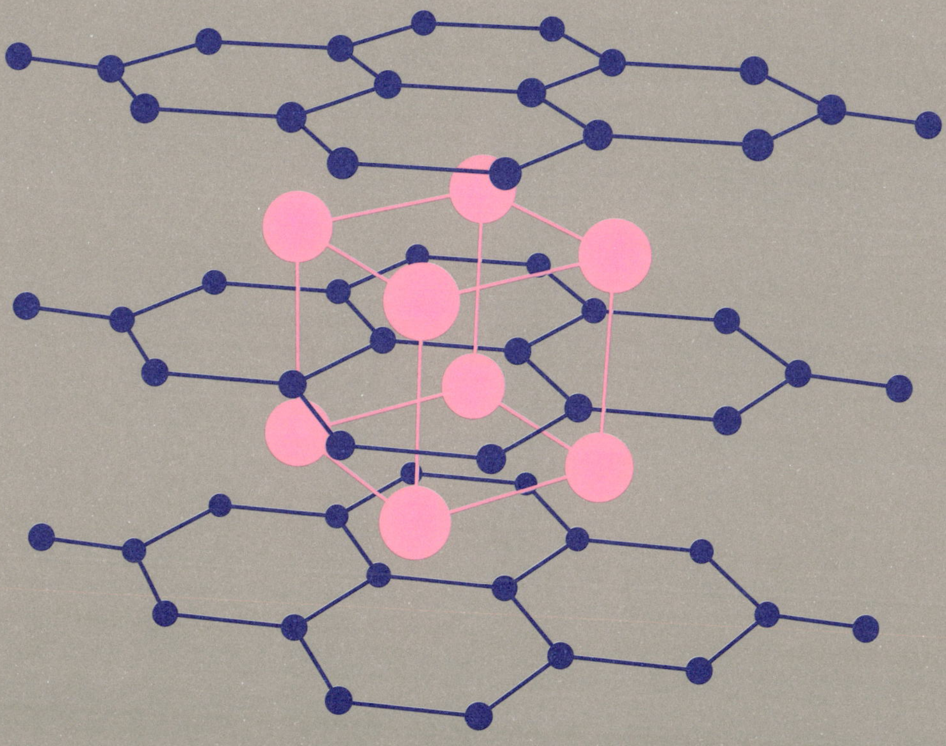

Was ist ein künstliches Atom?

→ Ob du es glaubst oder nicht: Wenn du einen 4K-Fernseher besitzt, nutzt du höchstwahrscheinlich bereits künstliche Atome. Das sind photonenemittierende Elektronenhaufen, mit denen sich tiefe, kontrastreiche Farben erzeugen lassen.

Künstliche Atome sind nicht das, was du vielleicht erwartest. Sie sind keine synthetisch konstruierten Atome mit einem Kern aus Protonen und Neutronen. Auf der anderen Seite weisen sie dennoch einige Eigenschaften echter Atome auf, wie etwa Energieniveaus, die atomare Spektren nachahmen können (also das Band von Wellenlängen, das Elektronen in einem Atom aussenden, wenn sie durch ultraviolettes Licht angeregt werden und zwischen Energieniveaus hin- und herspringen).

Ein anderer Name für diese künstlichen Atome lautet „Quantenpunkte". Dabei handelt es sich um dreidimensionale Elektronenbündel, eingeschlossen in einem Halbleitermaterial. Im Gegensatz zu Supraleitern aus dem vorherigen Kapitel ist ein Halbleiter – wie der Name schon sagt – kein perfekter elektrischer Leiter, aber er leitet Strom besser als ein Isolator wie zum Beispiel Holz und liegt somit in der Mitte der Leitfähigkeitsskala.

Quantenpunkte sind nur Milliardstel Meter groß – Nanometer – und aufgrund ihrer winzigen Größe kommt es zu Quanteneffekten. Die Elektronen sind dabei so im Material eingeschlossen, dass sie bestimmte Energieniveaus besetzen und nicht einfach in andere, möglicherweise niedrigere, Energieniveaus wechseln können. Werden diese Elektronen nun durch ultraviolettes Licht angeregt, springen sie gezielt zwischen bestimmten Energieniveaus hin und her und emittieren Photonen mit genau definierten Wellenlängen, je nachdem, zwischen welchen Niveaus sie auf und ab springen.

Diese emittierten Wellenlängen ähneln den Spektren echter Atome. Doch der springende Punkt ist, dass sie Photonen aussenden. Man könnte also sagen: Quantenpunkte sind nur wenige Nanometer große, lichtemittierende Strukturen. Da sie besonders helle und gesättigte Farben erzeugen können, werden sie häufig in Leuchtdioden (LEDs) und Flüssigkristallanzeigen (LCDs) hochleistungsfähiger Fernsehgeräte verwendet. Außerdem finden sie Anwendung in Solarzellen, der medizinischen Bildgebung und der Quantencomputertechnologie.

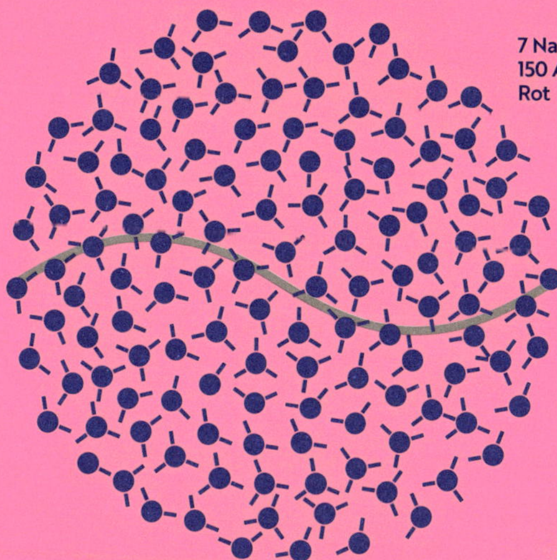

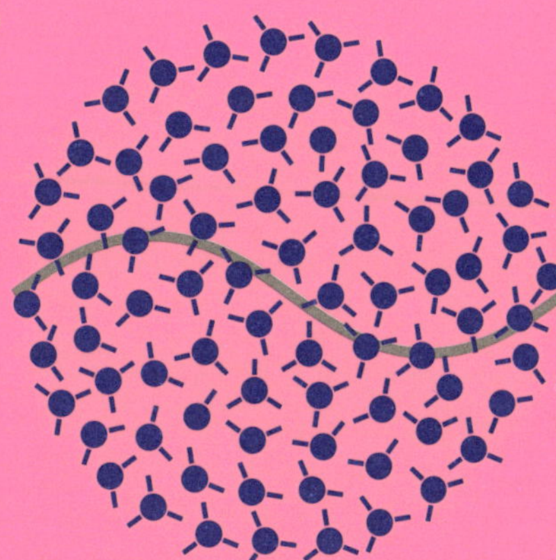

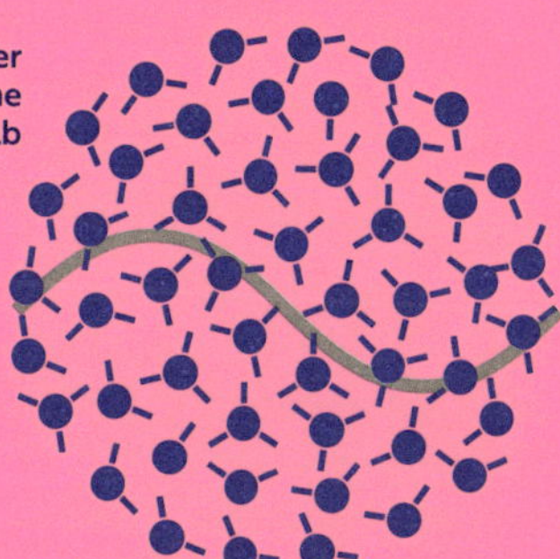

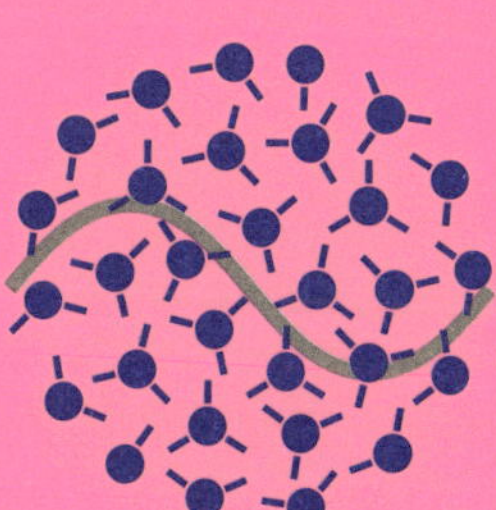

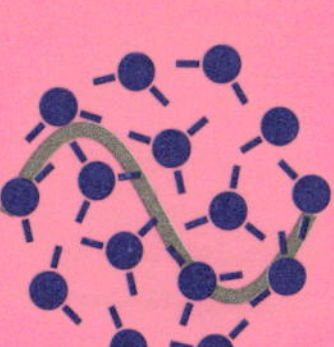

QUANTENPUNKTE

Quantenpunkte bestehen aus sorgfältig angeordneten Elektronen, die einen sogenannten Nanokristall formen – oder ein künstliches Atom, wie es manche Wissenschaftler nennen. Werden die Atome eines solchen Quantenpunktes durch ultraviolettes Licht stimuliert, springen sie auf genau festgelegte Energieniveaus und senden, wenn sie aus ihrem angeregten Zustand zurückfallen, Photonen einer ganz bestimmen Wellenlänge aus. Damit eignen sie sich ideal für die Anwendung in den LEDs von 4K-Fernsehgeräten.

Können Flüssigkeiten nach oben fließen?

Normalerweise: nein. Schütten wir Wasser, Milch oder Cola in ein Glas, bleibt es am Boden des Glases. Doch manche Flüssigkeiten – sogenannte Supraflüssigkeiten – können klettern.

Denken wir an Helium, dann denken wir normalerweise an ein Gas, da es bei Raumtemperatur gasförmig ist. Kühlt man Helium allerdings auf die außergewöhnlich tiefe Temperatur von –269 Grad Celsius ab, kondensiert es zu einer Flüssigkeit. Und kühlt man es noch ein wenig weiter ab auf –271 Grad Celsius – nur zwei Grad über dem absoluten Nullpunkt – geschieht etwas Erstaunliches: Das flüssige Helium verliert jegliche Reibung mit seiner Umgebung und beginnt, frei zu fließen; nicht nur über flache Oberflächen, sondern sogar gegen die Schwerkraft: Es klettert an Wänden hoch, entflieht Gläsern und passt durch winzigste Öffnungen.

Physiker nennen diesen Zustand Suprafluidität (auch Supraflüssigkeit): ein seltsamer, neuer Aggregatzustand, der als Bose-Einstein-Kondensat bekannt ist. Die Idee stammt von dem indischen Physiker Satyendra Nath Bose (1894–1974) und Albert Einstein. Sie beschreibt das Verhalten bestimmter Flüssigkeiten oder Gase, wenn sie auf wenige Grad über dem absoluten Nullpunkt abgekühlt werden. Dann fallen die Bosonen in der Flüssigkeit alle auf ihr niedrigstes Energieniveau. Das widerspricht dem Pauli-Prinzip, wonach sich keine zwei Teilchen im selben Quantenzustand befinden dürfen. Doch in einem Bose-Einstein-Kondensat können sie es und einige dieser Kondensate, wie flüssiges Helium, werden zu Supraflüssigkeiten. Es gibt kaum etwas Seltsameres, als zu beobachten, wie eine Supraflüssigkeit eine Becherwand hinaufkriecht und herausfließt. Stell dir nur einmal vor, dein Tee würde aus deiner Tasse fliehen!

Da Supraflüssigkeiten keine Reibung erfahren, verlieren sie keine kinetische Energie und könnten theoretisch ewig fließen. Darum sind sie extrem nützlich für Kühlanwendungen. Superfluides Helium wird beispielsweise eingesetzt, um Supraleiter auf Temperaturen nur wenige Grad über dem absoluten Nullpunkt zu halten. Da sich Supraflüssigkeiten durch die kleinsten Öffnungen zwängen können – dabei kommt es zum sogenannten Springbrunnen-Effekt –, sind keine mechanischen Pumpen nötig, um sie zu bewegen, und wenn man eine Supraflüssigkeit in Rotation versetzt, bilden sich Wirbel, die sich unendlich lange weiterdrehen können.

SUPRAFLÜSSIGKEIT

In einer mit superfluidem Helium gefüllten Hängeschale kann das Helium in einer dünnen Filmschicht an der Innenseite der Schale nach oben kriechen, über den Rand fließen und an der Außenseite hinabgleiten. Am unteren Rand der Schale bildet sich ein Tropfen, der irgendwann in eine Pfütze aus flüssigem Helium auf dem Boden tropft. Diese Suprafluidität tritt bei Helium nur bei extrem niedrigen Temperaturen von nur zwei Grad über dem absoluten Nullpunkt auf.

Wie bringt man einen Magneten zum Schweben?

→ Das ist keine Fangfrage! Natürlich stoßen sich gleiche magnetische Pole ab, doch normalerweise gewinnt die Gravitation und überwindet die magnetische Barriere. Mit einem supraleitenden Magneten kann man die Schwerkraft jedoch besiegen und sogar einen kompletten Zug anheben!

Wir wissen bereits, wie Supraleiter hergestellt werden. Jetzt untersuchen wir, wofür sie verwendet werden: zur Herstellung extrem starker Magnete, die buchstäblich einen Zug anheben können. Supraleitende Magnete werden für Magnetschwebebahnen („Maglev", von engl.: magnetic levitation) genutzt, bei denen ein Zug mit seinen Waggons durch Magnetfelder getragen wird. Das funktioniert, weil supraleitende Magnete stärker als selbst die stärksten „normalen" Magnete sind, dabei jedoch nur einen Bruchteil der Energie und Kosten benötigen. Maglev-Züge werden aktuell bereits in China genutzt, ähnliche Züge folgen bald in Japan und Südkorea. Dabei ist ihre Funktionsweise denkbar einfach: Entlang der Strecke sind Magnete mit Nord- und Südpolen angebracht und auch am Zug finden sich Magnete. Fährt ein Zug-Nordpol über einen Strecken-Nordpol oder ein Zug-Südpol über einen Strecken-Südpol, stoßen sie sich ab, wodurch der Zug schwebt. Begegnen sich hingegen entgegengesetzte Pole, zieht die gegenseitige Anziehungskraft den Zug nach vorne und sorgt für den Antrieb. Gleichzeitig wird der Zug durch die Magnetfelder auf der Strecke gehalten. Natürlich sind die Details etwas komplexer: Die supraleitenden Magnete bestehen aus Drahtspulen, die winzige supraleitende Filamente mit einer Größe von nur 20 Mikrometern (dem Millionstel eines Meters) enthalten. Die Filamente bestehen größtenteils aus einer Niob-Titan-Legierung, die bei –263 Grad Celsius supraleitend wird – nur zehn Grad über dem absoluten Nullpunkt. Eine Niob-Zinn-Legierung ist sogar noch besser, da sie bei etwas wärmeren –255 Grad Celsius supraleitend wird. Allerdings ist sie schwieriger herzustellen. Manchmal werden Niob-Titan- und Niob-Zinn-Filamente zusammen in einer Kupfer-Matrix verwendet. Das ist besonders dann wichtig, wenn der Strom plötzlich ausfällt und die Temperatur über die supraleitenden Werte steigt. Dann bildet das Kupfer einen sogenannten niederohmigen Pfad mit geringem Widerstand für den elektrischen Strom und ermöglicht es ihm, zu entweichen. Andernfalls würden die Magnete schmelzen.

Supraleiter

Eine Magnetschwebebahn „schwebt" auf sich abstoßenden Magnetfeldern, die von Supraleitern erzeugt werden. Davon abgesehen, wie genial das Konzept der Maglev-Züge ist, stellt es auch ein reales, makroskopisches Beispiel für Physik dar, die aus der Welt der Quanten abgeleitet wurde. Supraleitende Magnete kommen auch im Large Hadron Collider (LHC) zum Einsatz, um Protonen auf nahezu Lichtgeschwindigkeit zu beschleunigen und sie entlang der gekrümmten Bahn des Teilchenbeschleunigers zu lenken.

Wie lässt sich die Gehirnaktivität mit Tintenfischen überwachen?

→ Tintenfische, wie wir sie im Meer finden, sind natürlich nicht besonders nützlich, um die Gehirnaktivität zu überwachen. Doch SQUIDs, als quantenbasierte Instrumente zur Messung von Magnetfeldern, sind es.

Die elektrischen Ströme zwischen den Neuronen im menschlichen Gehirn erzeugen schwache Magnetfelder. Diese Magnetfelder können mithilfe von neurobildgebenden Geräten überwacht werden, die eine kompliziert klingende Technik benutzen: die Magnetenzephalografie. Diese Geräte bestehen aus Magnetometern, die „supraleitende Quanteninterferenzgeräte" (engl.: Superconducting Quantum Interference Devices, kurz SQUIDs) genannt werden.
Wie der Name vermuten lässt, funktionieren die Magnete in den SQUIDs mithilfe von Supraleitung: Sie enthalten supraleitende Schleifen, die nahe beieinander liegen und nur durch ein dünnes Isoliermaterial voneinander getrennt werden. Diese Anordnung wird als Josephson-Kontakt bezeichnet, benannt nach dem walisischen Physiker Brian Josephson (*1940), der sie erfunden hat. Sie nutzt den Josephson-Effekt – einen Quanteneffekt, bei dem ein Suprastrom zwischen supraleitenden Schleifen über den Josephson-Kontakt fließt, ohne dass eine Spannung angelegt werden muss. Der Suprastrom kann dank des Tunneleffekts – einer bemerkenswerten Folge des Welle-Teilchen-Dualismus – über die isolierende Schicht springen. Die Wahrscheinlichkeitswellenfunktion eines Elektrons sagt nun aus, dass die Chance besteht, dass es auf der anderen Seite der Isolierschicht auftauchen kann. In Supraleitern sind Elektronenpaare – sogenannte Cooper-Paare – dazu in der Lage, durch die Isolierschicht zu tunneln, wodurch der Strom von einer supraleitenden Schleife zur nächsten fließen kann. Dadurch werden die SQUIDs mit Strom versorgt und können die Magnetfelder des Gehirns detektieren.
Doch der Tunneleffekt hat noch tiefgreifendere Auswirkungen in der Natur. Er ermöglicht Kernfusionsreaktionen, indem er es den Atomkernen erlaubt, die elektrostatische Barriere zwischen ihnen zu überwinden. Er begünstigt auch die langsame Verdampfung von Schwarzen Löchern, indem Teilchen von innerhalb des Ereignishorizonts eines Schwarzen Lochs nach außen springen und entweichen können, wodurch die Masse des Schwarzen Lochs allmählich verringert wird. Dass dies möglich ist, wurde erstmals vom englischen Physiker Stephen Hawking (1942–2018) vorgeschlagen und wird daher als Hawking-Strahlung bezeichnet.

MAGNETENZEPHALOGRAFIE

Wird ein Patient einer Magnetenzephalografie unterzogen, werden kleine Magnetfelder, die durch elektrische Ströme zwischen den Neuronen im Gehirn von Magnetometern – SQUID genannt – detektiert. Diese werden durch supraleitende Schleifen betrieben, was die Größe des Geräts erklärt. Die supraleitenden Schleifen halten einen elektrischen Strom zwischen sich aufrecht, indem sie den quantenmechanischen Tunneleffekt nutzen. Dabei ermöglicht es die Wellenfunktion von Elektronenpaaren diesen Paaren, über isolierende Schichten zu springen, sofern die Wellenfunktion von einer Schleife zur anderen reicht.

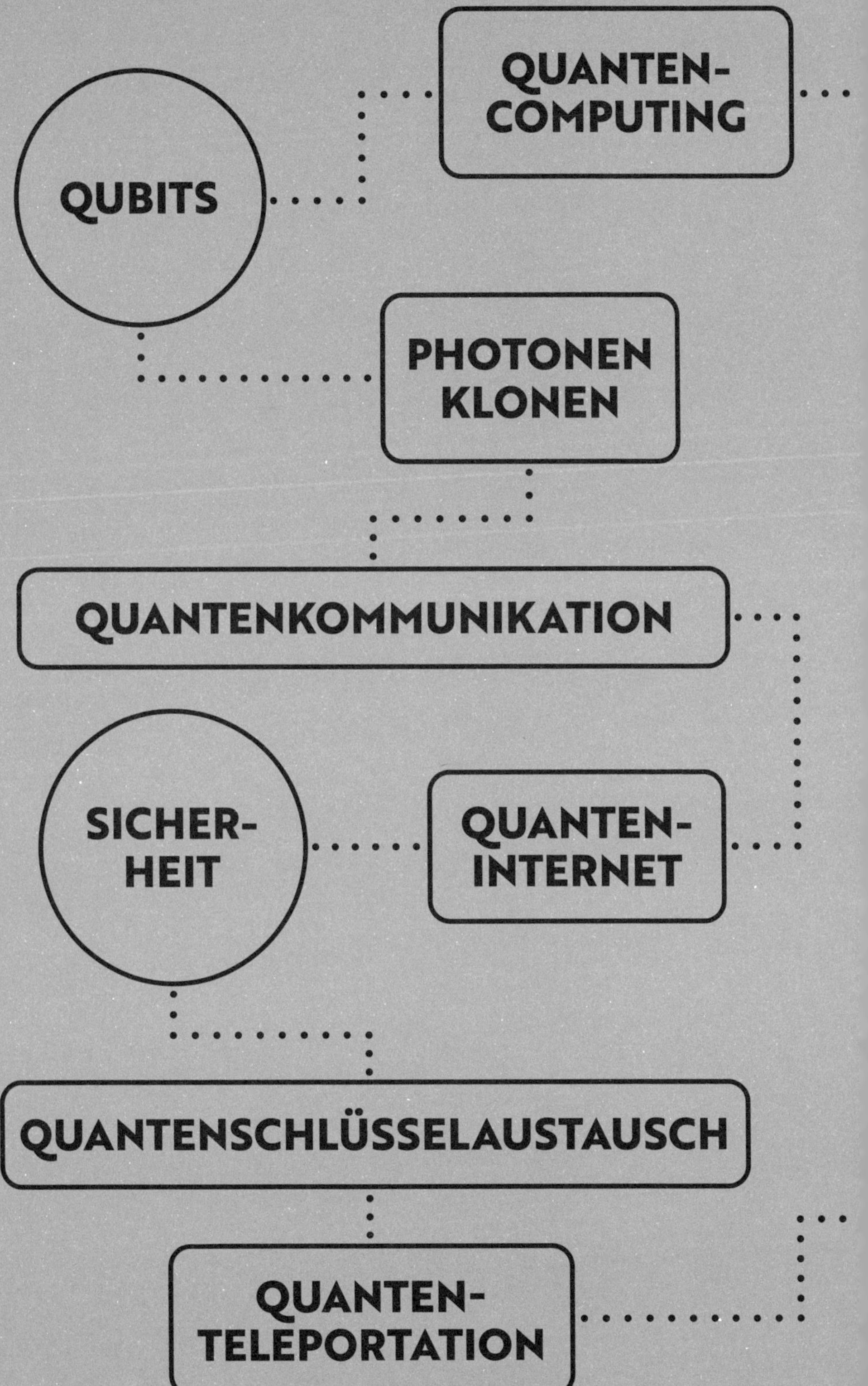
QUBITS
QUANTEN-COMPUTING
PHOTONEN KLONEN
QUANTENKOMMUNIKATION
SICHER-HEIT
QUANTEN-INTERNET
QUANTENSCHLÜSSELAUSTAUSCH
QUANTEN-TELEPORTATION

KAPITEL 8

QUANTEN-INFORMATION

- QUANTENVERSCHLÜSSELUNG
- DIE ZUKUNFT
- MICIUS-SATELLIT
- NO-CLONING-THEOREM

ÜBER DIESES KAPITEL

Information ist die Währung des 21. Jahrhunderts. Daten immer schneller und sicherer zu speichern und zu übertragen, ist entscheidend für den enormen Informationsaustausch im Internet. Doch es vergeht kaum eine Woche, ohne dass wir von einem neuen Datenhack in den Nachrichten hören, der Millionen von Menschen ins Unglück stürzt. Wenn es doch nur eine Möglichkeit gäbe, nicht nur den Hackern ein Schnippchen zu schlagen, sondern gleichzeitig die Datenkommunikation, ja das gesamte Internet, für alle zu verbessern.

Welch ein Zufall, dass Quantenphysiker und Informatiker gemeinsam an einer revolutionären neuen Methode arbeiten, um genau das zu erreichen. Sie nennt sich **QUANTENCOMPUTING** und nutzt, wie der Name schon sagt, die bizarren, kontraintuitiven Eigenschaften der Welt der Quanten, um Daten auf völlig neue Art und Weise zu übertragen.

„Traditionelle" Daten auf Computern werden in Kilobytes, Megabytes und Gigabytes gemessen. **„BYTES"** ist dabei der Plural von „Bit", das wie das Äquivalent der Quantisierung von Energie ist – im Sinne davon, dass es das kleinste mögliche Datenpaket darstellt, ausgedrückt entweder als 1 oder 0 im Binärcode.

Quantencomputing ersetzt jedoch das Konzept der Bytes durch das **QUBIT**, kurz für „Quantum Bit". Da ein Qubit sich in einem Zustand der Quantensuperposition befindet, kann es gleichzeitig 1 und 0 oder keins von beiden sein. Dies ermöglicht die parallele Verarbeitung von Daten in riesigem Ausmaß innerhalb desselben Computers und beschleunigt Berechnungen exponentiell. Ein Beispiel dafür machte im Jahr 2019 Schlagzeilen, als ein von Google und der NASA entwickelter Quantencomputer nur 200 Sekunden benötigte, um ein mathematisches Problem zu lösen, für das die besten Supercomputer 10.000 Jahre gebraucht hätten.

Passend zu ihrer Quantennatur bestehen Qubits nicht aus Silizium, sondern aus Teilchen und Atomen, die quantenmechanisches Verhalten zeigen – einschließlich reiner Lichtphotonen. **QUANTENKOMMUNIKATIONEN** beruhen auf verschränkten Photonen, um den **QUANTENSCHLÜSSELAUSTAUSCH** (QKD) zu ermöglichen. Dabei handelt es sich um eine Form der Quantenverschlüsselung, die als „un-hackbar" gilt und die endlich die Cyberkriminellen besiegen könnte, die unsere Daten stehlen. QKD wird in verschränkte Photonen codiert, die zusammen mit den Daten, die weiterhin in regulären digitalen Bits erfasst werden, über herkömmliche Glasfaserkabel übertragen werden. Es handelt sich dabei also eine Art Quantentwist für unser bestehendes Internetsystem.

Um die Vernetzung zwischen Quantencomputern zu ermöglichen, wird ein **QUANTENINTERNET** benötigt, bei dem Qubits nicht transportiert, sondern **QUANTENTELEPORTIERT** werden. Ihre Quantenzustände werden in verschränkte Photonen codiert und aufgrund der Verschränkung werden diese Informationen instantan übermittelt. Wenn das mal keine schnelle Kommunikation ist!

Um die Infrastruktur für das Quanteninternet bereitzustellen, könnte eine Flotte von Telekommunikationssatelliten zum Einsatz kommen, die eine globale Abdeckung ermöglicht, indem sie verschränkte Photonen und Qubits von einem Satelliten zum anderen weiterleiten, bevor sie sie zur Erde senden. Um eine weltweite, lückenlose Abdeckung zu gewährleisten, wären zwar Tausende von Satelliten erforderlich, doch Raumfahrtunternehmen starten bereits Satellitenkonstellationen – Netzwerke aus Tausenden von Telekommunikationssatelliten im Orbit –, sodass eine ähnliche Konstellation aus Quantensatelliten durchaus umsetzbar klingt. Machen wir uns also bereit, der analogen Kommunikation Tschüss zu sagen: Bald beginnt die Quantenkommunikation.

QUANTENINFORMATION – EINE ÜBERSICHT

BITS/BYTES
Ein Bit ist das kleinste Datenpaket, das in der klassischen Informatik möglich ist; ein Byte besteht aus acht Bits. Häufig arbeiten wir mit Dateien, die mehrere Kilobytes, Megabytes oder Gigabytes groß sind.

QUANTEN-COMPUTING
Dabei kommen Computer zum Einsatz, die Quantenphänomene nutzen, um ihre Rechenleistung zu verbessern.

QUBITS
Quantenbits oder Qubits sind Bits, die sich in einem Zustand der Superposition befinden, und können gleichzeitig sowohl 1 als auch 0 im Binärcode annehmen.

KÜNSTLICHE INTELLIGENZ
Dabei werden ausgeklügelte Computeralgorithmen genutzt, um komplexe Datenverarbeitung und Problemlösungen zu ermöglichen.

IRIDIUMARSENID/ INDIUMARSENID
So heißen Verbindungen aus Iridium, Indium und Arsen. Iridiumarsenid ist ein Halbleiter, der in Quantenpunkt-Türmen verwendet wird, während Indiumarsenid Photonen innerhalb dieser Türme reflektiert.

MASCHINELLES LERNEN
Werden die Algorithmen der künstlichen Intelligenz mit Daten trainiert, lernen sie daraus und können regelmäßig auftretende Muster erkennen.

RASTERELEKTRONEN-MIKROSKOP
Dieses Mikroskop verwendet einen Elektronenstrahl, um Objekte auf atomarer Ebene zu untersuchen.

NO-CLONING-THEOREM
Dabei handelt es sich um eine Regel, die besagt, dass keine zwei Teilchen mit identischen Quantenzuständen erschaffen oder geklont werden können.

SICHERHEIT

QUANTEN-KOMMUNIKATION
Bei dieser Form der Kommunikation zwischen Computern werden verschränkte Photonen für zusätzliche Sicherheit verwendet.

QUANTENVERSCHLÜSSELUNG
Dank dieser Verschlüsselung, die als unhackbar gilt, sind Quantencomputer extrem sicher.

QUANTENSCHLÜSSEL-AUSTAUSCH (QKD)
Bei dieser Quantenverschlüsselung ist der Schlüssel zum Entschlüsseln der Daten in verschränkten Photonen codiert. Bei Hackerangriffen kollabiert ihre Wellenfunktion.

PHOTONEN-SPLITTING
Diese Technik wurde entwickelt, um die QKD zu knacken, indem einige der verschränkten Photonen im Quantendatenstrom abgezweigt werden.

OSPREY
Dieser leistungsstarker Quantencomputer, hergestellt von IBM, verfügt über 433 Qubits. Stand 2025 hat der leistungsstärkste Quantencomputer der Welt 1180 Qubits.

MICIUS
Mithilfe dieses chinesischen Quantenkommunikationssatelliten lassen sich verschlüsselte Signale und quantenverschränkte Photonen über Hunderte von Kilometern senden.

QUANTENINTERNET
Dieses weltweite Netz soll in Verbindung mit dem klassischen Internet arbeiten und verschlüsselte Daten mithilfe von Qubits übertragen.

QUANTENTELEPORTATION
So wird die Methode bezeichnet, den Quantenzustand eines Teilchens zu übermitteln und auf ein anderes Teilchen zu übertragen, wobei das ursprüngliche Teilchen zerstört wird.

DATEN

Wann ist ein Bit kein Bit mehr?

Es ist an der Zeit für die digitalen Bits, mit denen unsere Computer arbeiten und Daten speichern, zur Seite zu treten, denn eine neue und vielseitigere Methode betritt das Parkett: das Quantenbit, besser bekannt als das Qubit.

Computer arbeiten mit Bytes und speichern Daten als Megabytes, Gigabytes, sogar Terabytes (Millionen, Milliarden und Billionen von Bits). Ein einzelnes Bit ist dabei die grundlegendste Informationseinheit in der digitalen Sprache und eine Wortkreuzung aus „binary digit". Ein Bit kann nur einen von zwei Werten haben – entweder 1 oder 0 –, die wir im Binärcode verwenden. Das ist klassische Informatik. In der Quanteninformatik passiert jedoch etwas Radikales: Ein Bit ist nicht entweder 1 oder 0, sondern kann sowohl 1 als auch 0 oder jeden Wert dazwischen annehmen. Wir sprechen von einem „Qubit", das in mehreren Zuständen gleichzeitig existieren kann.

Wir kennen diese Idee von mehreren möglichen Zuständen bereits vom Konzept der Quantensuperposition (siehe Seite 62). Ein Qubit ist ein Bit in einem Überlagerungs- oder Superpositionszustand, wobei verschiedene Ergebnisse einer Computerberechnung jeweils ihre eigene Wellenfunktion haben. Arbeitet ein Quantencomputer mit Qubits, kann er daher viele Berechnungen gleichzeitig durchführen, während ein gewöhnlicher Computer mit Bits eine Berechnung nach der anderen ausführt. Quantencomputer können teuflisch komplizierte mathematische Probleme in Minuten lösen, während ein gewöhnlicher Computer Jahre oder sogar Jahrhunderte dafür benötigen würde.

Im Gegensatz zu Laptops gibt es in einem Quantencomputer nicht einen einzigen Siliziumchip. Stattdessen setzen sie sich aus Atomen, gefangenen Ionen, Quantenpunkten, Bose-Einstein-Kondensaten oder Josephson-Kontakten zusammen – alles Quantenobjekte, die wir bereits in diesem Buch kennengelernt haben.

Der Feind des Quantencomputings ist die Dekohärenz (siehe Seite 60): Sollte ein Qubit mit seiner Umgebung wechselwirken, führt die Dekohärenz dazu, dass die Superposition zerfällt und das Qubit zu einem gewöhnlichen Bit wird. Um das zu vermeiden, halten Quantencomputer die Atome in einem optischen Gitter aus sich kreuzenden Laserstrahlen fest; an den Schnittpunkten der Laserstrahlen entstehen Potentialtöpfe, also Punkte minimaler potenzieller Energie, aus denen die Atome nicht entkommen können. Elektromagnetische Felder halten die geladenen Ionen und Quantenpunkte können verwendet werden, um die Elektronen zu steuern, die mit den Ionen interagieren.

QUBITS

In Quantencomputern werden Bits durch Qubits ersetzt. Diese haben die Eigenschaft, in zwei Zuständen gleichzeitig zu existieren, wodurch schnellere Berechnungen möglich sind als bei normalen Computern. Die Qubits können in Form von gefangenen Ionen oder neutralen Atomen in einem Gitter aus Laserstrahlen gehalten werden, oder aber als Quantenpunkte auf einem Halbleiter, als Josephson-Kontakte oder sogar als Bose-Einstein-Kondensate vorkommen. Das Potenzial dieser Technologie, herkömmliche Computer in den Schatten zu stellen, ist unbestreitbar.

Kann ein Photon geklont werden?

→ Stell dir das nicht wie klassisches Klonen vor, sondern eher wie eine Quantenfabrik, die Photonen nach genau den Spezifikationen produziert, die in Quantencomputern aus Licht nützlich sein könnten.

Statt aus Atomen und Ionen könnten wir eines Tages vielleicht einen Quantencomputer aus Photonen bauen. So ein in Licht codierter Quantencomputer wäre widerstandsfähiger gegen Dekohärenz und zudem einfacher zu betreiben – zumindest theoretisch.

Doch es gibt verschiedene Probleme, die zuerst überwunden werden müssen. Eines besteht darin, dass sich Licht mit Lichtgeschwindigkeit ausbreitet. Das erschwert den Umgang mit Photonen enorm. Doch glücklicherweise gibt es Möglichkeiten, dies zu umgehen: So können beispielsweise Spiegel verwendet werden, um ein Photon in einem kleinen Bereich einzufangen. Eine andere Möglichkeit ist, die Photonen durch ein Medium mit einem anderen Brechungsindex zu lenken, sodass sich das Licht langsamer fortbewegt. So könnte eine spezielle „Maske" auf das Photon gelegt werden, um es so umzugestalten, dass es sich langsamer bewegt. Die Verlangsamung der Photonen ist mit all diesen Methoden allerdings nur minimal.

Ein weiteres Problem ist die Quantenidentität der Photonen. Damit konstruktive und destruktive Quanteninterferenz möglich ist, die es dem Qubit ermöglichen, Berechnungen durchzuführen, müssen die Quanteneigenschaften der Photonen nahezu identisch sein. Mit anderen Worten: Alle Photonen müssen Klone voneinander sein. Und tatsächlich gibt es eine Möglichkeit, das sicherzustellen: mithilfe unserer alten Bekannten, der Quantenpunkte.

Wissenschaftler an der Stanford University in Kalifornien ist es gelungen, Photonen zu klonen, indem sie Türme aus Quantenpunkten in einem Halbleitermaterial namens Iridiumarsenid gebaut haben. Die Punkte sind dabei nur Nanometer breit und in Türmen gestapelt, die Millionstel Meter hoch sind. Zwischen den einzelnen Quantenpunkten befinden sich Schichten aus Galliumarsenid oder Indiumarsenid, die als Spiegel für Photonen fungieren, die von einem angeregten Elektron in einem der Quantenpunkte emittiert werden. Besitzt ein Photon nun bestimmte Eigenschaften, die durch das Design des Quantenpunktes bestimmt werden, wird es zwischen den Spiegeln hin und her reflektiert, bevor es emittiert wird. Auf diese Weise besitzen alle produzierten Photonen die gleichen Eigenschaften und können gemeinsam in denselben Quantenzustand eintreten. Alle Photonen, die diese Eigenschaften nicht besitzen, werden hingegen nicht reflektiert.

PHOTONEN KLONEN

Quantenpunkte mit Schichten aus Gallium- und Indiumarsenid reflektieren Photonen bestimmter Wellenlängen und stellen so sicher, dass nur Photonen mit den gleichen Eigenschaften erzeugt oder geklont werden. Diese Türme sind so winzig, dass sie nur mit einem Rasterelektronenmikroskop sichtbar sind, das Elektronen nutzt, um atomare Strukturen zu untersuchen. Kohärente Photonen werden in der Quanteninformatik genutzt, indem sie als Qubits zum Einsatz kommen. Das erfordert, dass die Photonen nahezu identische Quanteneigenschaften besitzen.

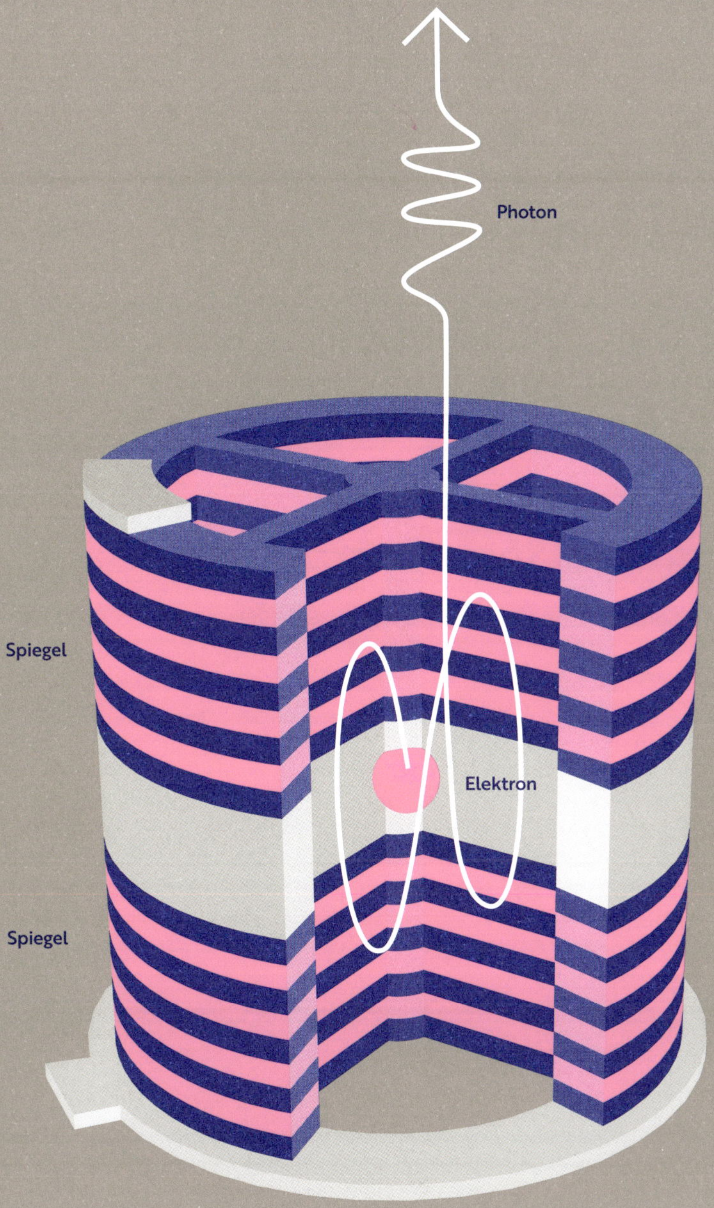

Ist Quantenkommunikation praktisch?

→ Erwarte jetzt nicht, dass die Quantenphysik dabei hilft, einen nächsten Telefonanruf zu übertragen oder ein Video aus dem Internet herunterzuladen – aber verwirf diese Idee auch nicht komplett. Vielleicht wird die Quantenphysik eines Tages in unsere Alltagstechnologien integriert und diese Ideen könnten Realität werden.

Computer sind gesprächig und kommunizieren ununterbrochen über ein Netzwerk miteinander. Natürlich ist das größte aller Netzwerke das Internet. Wenn Computer miteinander sprechen, dann, um Informationen zu übertragen. Diese Informationen können alles Mögliche sein: von deinen Bankdaten bis hin zu dem Hundevideo, das du gerade auf eine Video-Sharing-Website hochgeladen hast.
Zurzeit basiert das Internet auf den Prinzipien der klassischen Informatik und verwendet langsame, einfache Bits. Doch sollten alltagstaugliche Quantencomputer in greifbare Nähe rücken, werden sie nicht mit einem Internet funktionieren, das auf Bytes ausgelegt ist. Daher benötigt das Quantencomputing sein eigenes Quanteninternet, das auf Qubits basiert. Die Herausforderung besteht darin, dieses Quanteninternet in unser bestehendes Internet und unsere Kommunikationssysteme zu integrieren, da sie mittlerweile zu vernetzt sind, um einfach über Nacht ersetzt zu werden. Ein Quanteninternet wäre schneller und effizienter als das herkömmliche Internet. Wir könnten Quanten-Clouds nutzen und Quantencomputer auf der ganzen Welt parallel arbeiten lassen, um ihre Rechenleistung noch weiter zu steigern. Doch wie bei allen Quantensystemen ist die Dekohärenz der größte Feind eines Quantencomputers, wobei die Wahrscheinlichkeit dafür steigt, je größer die Strecke ist, die ein Qubit in einer Glasfaser zurücklegt. Derzeit liegt der Streckenrekord für den Transport von Qubits über Glasfasern in Chicago und beträgt 200 Kilometer.
Das normale Internet verwendet Repeater, die das Signal verstärken und via Glasfaserkabel über Tausende von Kilometern schicken, zum Beispiel über den Meeresboden. Das Weiterleiten von Qubits ist jedoch komplizierter, denn jeder Versuch, ein Qubit zu erfassen und erneut zu senden, würde seinen Superpositionszustand zerstören, sodass sich die Quanteninformationen nicht kopieren ließen. Das wird als No-Cloning-Theorem bezeichnet. Stattdessen könnten Quanten-Repeater eine langstreckige Verschränkung aufbauen, indem sie viele kurzstreckige Verschränkungen miteinander verknüpfen. Dadurch könnten die Quanteninformationen und die Superposition des Qubits erhalten bleiben.

DAS QUANTENINTERNET

Mit dem Aufkommen von Quantencomputing und dem Quanteninternet könnte der Super-Highway der Information schon bald einen Quantenboost erhalten. Dadurch würde die Quantenkommunikation möglich, die mithilfe der Übertragung verschränkter Photonen und Qubits durch Glasfaserkabel und über drahtlose Wege funktioniert. Die Herausforderung besteht dabei darin, ein Quanteninternet in die bestehende Infrastruktur unseres regulären Internets und der aktuellen Telekommunikationssysteme zu integrieren.

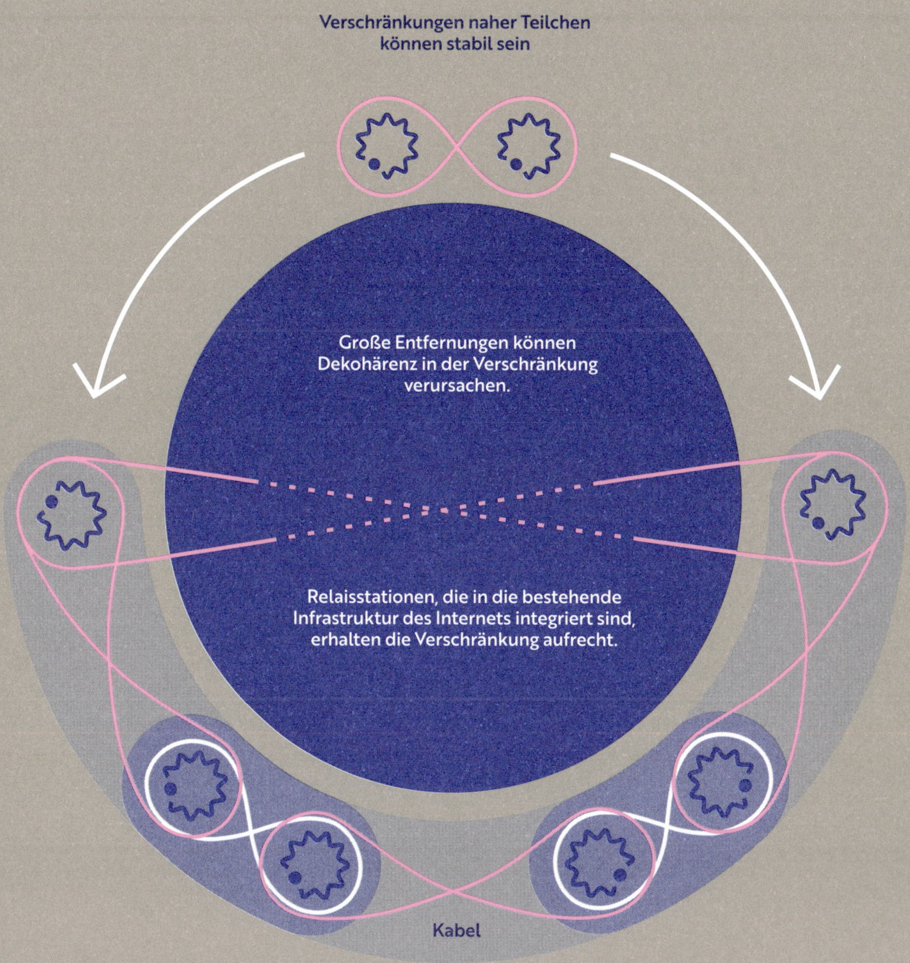

Wie sicher ist die Quantenkommunikation?

→ Irgendwann hast du vielleicht schon einmal Identitätsdiebstahl durch Hacker erlebt – oder du könntest es noch erleben –, bei dem sie deine Daten und Informationen stehlen. Wären diese Information jedoch quantenverschlüsselt, hätten es die Hacker viel schwerer.

Eine ernstzunehmende Sorge in der modernen Welt ist, dass Hacker an unsere Informationen gelangen. Unsere Computer versuchen daher, unsere Daten mit Verschlüsselungen zu schützen, die sie codieren, um sie sicher und vertraulich zu halten. Diese Bits aus Einsen und Nullen sind für Hacker jedoch relativ leicht zu knacken, ohne Spuren zu hinterlassen.

Die Quantenkommunikation ist da deutlich sicherer. Sogar ohne ein Quanteninternet können wir schon jetzt Qubits zur Verschlüsselung gewöhnlicher digitaler Daten nutzen. Dabei nutzt man die sogenannte Quantum Key Distribution (QKD), zu Deutsch Quantenschlüsselaustausch. Dieser funktioniert folgendermaßen:

Verschränkte Photonen werden durch Glasfaserkabel übertragen, zusammen mit den regulären Bits, die die zu verschlüsselnden Daten enthalten. Die Photonen werden in Superposition gesendet, sodass zum Beispiel ihre Polarisationszustände überlagert sein könnten.

Nehmen wir jetzt an, dass ein Hacker versucht, den Code zu knacken, um die Daten zu lesen: Dann verlieren die Qubits ihre Quantensuperposition und die Wellenfunktion kollabiert. Im Normalfall erwarten wir, dass ein vorhersehbarer Anteil der Photonen durch Wechselwirkungen mit dem Glasfaserkabel Dekohärenz erfährt. Wenn nun jedoch mehr Photonen als erwartet Dekohärenz aufweisen, wäre dies ein Zeichen dafür, dass ein Hacker die Daten abgefangen hat, und Sender und Empfänger würden wissen, dass sie die Verschlüsselung ändern müssen.

Doch es scheint, als wäre dieser Tage nahezu alles hackbar – sogar die QKD. Möglich macht das eine ruchlose Technik namens Photonen-Splitting. Idealerweise würde die QKD nämlich nur mit einzelnen Photonenpulsen arbeiten, doch das wäre zu kompliziert umzusetzen und hätte nur eine geringe Datenübertragungsrate. Daher verwendet der Quantenschlüsselaustausch Multiphotonen-Bursts. Diese ermöglichen es einem Hacker jedoch wiederum, einige dieser Photonen unbemerkt zu entwenden, da die Dekohärenz-Fehlerrate der Multiphotonen-Bursts dadurch nicht allzu sehr beeinflusst wird. Auf der anderen Seite gibt es Möglichkeiten, sich dagegen zu verteidigen, zum Beispiel mithilfe von Köderquantenzuständen oder Photonen zählenden Detektoren, die feststellen könnten, ob einige der verschlüsselten Photonen verschwunden sind.

DER SCHLÜSSEL ZUR QUANTENKRYPTOGRAFIE

Die Quantenkryptografie funktioniert auf Basis des Quantenschlüsselaustauschs (QKD). Bei diesem steckt der Schlüssel zum Entsperren von Daten, die über ein Netzwerk übertragen werden, in den verschränkten Quantenzuständen von Photonen. Diese werden durch Glasfaserkabel zusammen mit regulären Bits, die die verschlüsselten Daten enthalten, übertragen. QKD stellt eine weitaus sicherere Datenübertragung als herkömmliche Methoden dar, obwohl Behauptungen, dass sie für Hacker undurchdringbar ist, vielleicht noch etwas verfrüht sind. Dennoch sehen Sicherheitsbehörden die Entwicklung der Quantenverschlüsselung als Priorität für die Zukunft.

Kann dich Scotty wirklich hochbeamen?

→ Leider kannst du nirgendwohin gebeamt werden – deine Quanteninformation aber vielleicht eines Tages schon. Dein Körper würde dabei allerdings zerstört werden – autsch!

Im Gegensatz zum physischen Transport von Materie in der Science-Fiction überträgt die Quantenteleportation die Quanteninformation eines Teilchens, nicht das Teilchen selbst. Stellen wir uns Folgendes vor: Ein Sender und ein Empfänger teilen quantenverschränkte Qubits miteinander. Der Sender bringt das Teilchen, dessen Quantenzustand er teleportieren möchte, dazu, mit seiner Hälfte des verschränkten Systems zu interagieren. Das Qubit übernimmt den Quantenzustand des Teilchens – man könnte sagen, es wird programmiert – und da es mit dem Qubit auf der Empfängerseite verschränkt ist, wird jede Veränderung des Quantenzustands des Sender-Qubits sofort auf das Empfänger-Qubit übertragen. Der Empfänger misst den Quantenzustand des Qubits und findet eine exakte Kopie des Quantenzustands des ursprünglichen Teilchens. Der Quantenzustand des ursprünglichen Teilchens wird bei der Teleportation jedoch leider zerstört, da das No-Cloning-Theorem eingehalten werden muss. Das sind natürlich schlechte Nachrichten für alle, die darauf hoffen, eines Tages um den Planeten teleportiert zu werden. Falls es irgendwie möglich wäre, den Quantenzustand jedes Teilchens deines Körpers zu teleportieren, sodass ein Empfänger all diese Informationen nutzt, um eine exakte Kopie von Ihnen zu erstellen, würde Ihr ursprünglicher Körper zerstört. Philosophisch betrachtet: Wäre diese Kopie überhaupt noch du?
Solche Diskussionen sind spannend, jedoch letztlich hinfällig, da die Teleportation so komplexer Quanteninformationen weit über alles hinausgeht, was wir uns derzeit wissenschaftlich überhaupt vorstellen können. Bisher wurden nur die Quanteninformationen einiger weniger Teilchen oder Atome teleportiert. Das erste erfolgreiche Teleportationsexperiment fand im Jahr 1999 statt, als der Quantenzustand eines Photons teleportiert wurde. Im Jahr 2004 wurde erstmals die Quanteninformation eines Atoms über eine Distanz von 600 Metern teleportiert. Der aktuelle Rekord für Quantenteleportation liegt bei 143 Kilometern und wurde 2015 aufgestellt. Das Quanteninternet könnte eines Tages auf Quantenteleportation basieren, indem es die Quantenzustände von Qubits überträgt, ohne sie physisch durch optische Fasern zu schicken. Dadurch könnte eine schnellere, sicherere und effizientere (ohne Datenverlust) Kommunikation ermöglicht werden.

QUANTEN-TELEPORTATION

Stell dir ein System mit zwei verschränkten Qubits vor. Das Teilchen, das teleportiert werden soll, muss zunächst mit einem der Qubits interagieren, sodass dieses seinen Quantenzustand einprogrammiert bekommt. Dieser Prozess führt zur Zerstörung des Quantenzustands des ursprünglichen Teilchens – mit anderen Worten: Alles, was teleportiert werden soll, muss zuerst zerstört werden. Der Quantenzustand des Teilchens wird dann auf das andere verschränkte Qubit übertragen, wo er auf ein anderes Teilchen codiert werden kann. Dadurch kann der ursprüngliche Quantenzustand des Teilchens rekonstruiert werden.

Kann man Quanten-nachrichten via Satelliten versenden?

→ Noch nicht, doch dank eines raffinierten chinesischen Satelliten wurde bereits der Weg dorthin geebnet. Mit ihm wurden verschränkte Photonen zur Erde gesendet und Telekonferenzen mit Quantenverschlüsselung übermittelt.

Quantenverschränkte Photonen durch Glasfaserkabel zu senden, ist das eine, doch wären verschränkte Photonen auch in der Lage dazu, den Transport durch die Atmosphäre überstehen, wenn sie zu oder von einem Satelliten im Weltraum übertragen werden? Mit all den Atomen und Molekülen in der Atmosphäre gäbe es schließlich viele Gelegenheiten für verschränkte Photonen, mit ihrer Umgebung zu interagieren und Dekohärenz zu erleiden.

Diese Frage wurde 2007 beantwortet, als europäische Wissenschaftler verschränkte Photonen erfolgreich von Teneriffa nach La Palma und somit 145 Kilometer durch die Atmosphäre übertrugen. Obwohl der Übertragungsweg nicht ins All führte, bewies dieses Experiment, dass verschränkte Photonen die Passage durch den dichtesten Teil der Atmosphäre überleben konnten.

Im Jahr 2016 brachte China einen Satelliten ins All, der ausschließlich der Quantenkommunikation gewidmet war. Dieser Satellit namens Micius übermittelte ein Jahr später erstmals eine quantenverschlüsselte Telekonferenz zwischen Peking in China und Wien in Österreich. Trotz der Sicherheit durch den Quantenschlüsselaustausch (QKD) war der Satellit selbst eine Schwachstelle, denn um das Signal der Konferenz zu verschlüsseln, musste Micius den Schlüssel kennen, wobei seine Computer weiterhin mit gewöhnlichen, hackbaren Bits arbeiteten. Daher änderten die Wissenschaftler 2020 ihre Strategie: Der Satellit sollte zwar die quantenverschränkten Photonen für die Verschlüsselung bereitstellen, kannte jedoch selbst den QKD-Schlüssel nicht mehr, wodurch er als Schwachstelle eliminiert wurde. Noch beeindruckender war, dass Micius diese quantenverschränkten Photonen aus einer Umlaufbahn in 500 Kilometern Höhe zu zwei Empfangsstationen in China sendete, die 1120 Kilometer voneinander entfernt waren. Damit wurde gleichzeitig der bisherige Streckenrekord für die Übertragung verschränkter Photonen um eine Größenordnung gebrochen. Zukünftig, so der Plan der chinesischen Wissenschaftler, soll ein weiterer Satellit in einer Höhe von mehr als 9650 Kilometern kreisen und quantenverschränkte Photonen zur Erde senden.

Die Nutzung von Satelliten für die Quantenkommunikation hat Vor- und Nachteile: So wird ohne die Notwendigkeit von Glasfaserkabeln das Problem der Signaldekohärenz reduziert und es wäre potenziell möglich, die Quantenkommunikation weltweit bereitzustellen. Der Nachteil ist jedoch, dass viele solcher Satelliten – möglicherweise Tausende – erforderlich wären, um diese Abdeckung tatsächlich zu gewährleisten.

VERSCHRÄNKUNGEN IM ALL

Im Jahr 2020 übertrug der chinesische Satellit Micius quantenverschränkte Photonen zu zwei Empfängerstationen in China, die 1120 Kilometer voneinander entfernt waren. Dies ist derzeit der Rekord für die Übertragung verschränkter Photonen und ein Beweis dafür, dass Quantenkommunikation und -verschlüsselung durch Telekommunikationssatelliten im Orbit prinzipiell möglich sind. Für ein globales Quanteninternet wäre das essenziell.

Verdienen Quantencomputer den Hype?

⟶ Die Technologie steckt noch in den Kinderschuhen, daher konnten Quantencomputer den Hype, der um sie gemacht wird, bisher noch nicht rechtfertigen. Doch in ihnen steckt definitiv das Potenzial, eines Tages unsere Erwartungen zu erfüllen und sogar zu übertreffen.

Obwohl das Potenzial der Quantenphysik, die Informatik enorm voranzubringen, seit Jahrzehnten bekannt ist, wurde das erste Modell für einen Quantencomputer erst im Jahr 1980 vom amerikanischen Wissenschaftler Paul Benioff (1930–2022) vorgeschlagen. Der erste funktionierende Quantenalgorithmus wurde 1998 auf einem Zwei-Qubit-Quantencomputer getestet, während im selben Jahr auch ein Drei-Qubit-Computer entwickelt wurde. Bis ins Jahr 2000 war diese Zahl auf fünf Qubits gestiegen; 2005 wurde ein Acht-Qubit-Computer entwickelt und 2022 entwickelte IBM einen 433-Qubit-Quantencomputer namens Osprey. Wir sind also noch weit entfernt von Megabytes und Gigabytes. Doch vielleicht ist dieser Vergleich auch unangebracht, denn einzelne Qubits können eine Rechenleistung von Millionen von Bits übernehmen.

Trotz ihres Potenzials haben Quantencomputer bisher eigentlich noch nichts geleistet. Die Erfolge auf diesem Gebiet bestanden bisher darin, sie überhaupt erst zu konstruieren. Dennoch: Ihre Rechenleistung ist zu groß, um sie zu ignorieren, und eines Tages könnten sie genutzt werden, um extrem schwierige Probleme der Chemie, Physik und Mathematik zu lösen, die für klassische Computer zu zeitaufwendig wären. In Kombination mit maschinellem Lernen könnten Quantencomputer sogar noch größere Fortschritte in der künstlichen Intelligenz vorantreiben – zum Guten oder zum Schlechten. Und dann wäre da noch das Thema der Quantenverschlüsselung, das in Zukunft essenziell für die Telekommunikation sein wird.

Als die Lasertechnologie in den späten 1950er- und frühen 1960er-Jahren entwickelt wurde, bezeichneten sie viele noch als „Lösung ohne Problem". Wenn man bedenkt, wie allgegenwärtig Laser in unseren Häusern, Städten und Arbeitsplätzen sind, klingt das ein wenig lächerlich. Und auch Quantencomputer sind nicht nur eine Lösung ohne Problem, da wir heute bereits wissen, wofür wir sie möglicherweise nutzen könnten. Doch im Moment geht es nicht unbedingt darum, sie auf konkrete Probleme anzuwenden, sondern vielmehr darum, die Technologie weiterzuentwickeln, damit sie eines Tages ein leistungsstarkes Werkzeug für die Menschheit sein kann.

QUANTEN-COMPUTER-LEISTUNG

Während die Quanteninformatik noch nicht in der Praxis eingesetzt wurde, könnte die verborgene Leistung ihrer Qubits die Datenverarbeitung revolutionieren und Computern die Fähigkeit verleihen, komplexe Probleme in Stunden zu lösen, die zu knacken mit normalen Computern Tage oder Jahre gedauert hätten. Das Quantencomputing steckt noch in den Kinderschuhen, doch die Technologie entwickelt sich stetig weiter und eines Tages werden wir sie nutzen können.

WER MEHR WISSEN MÖCHTE …

BÜCHER

Al-Khalili, Jim: *Quantum: Moderne Physik zum Staunen*. Spektrum Akademischer Verlag, 2005.

Becker, Adam. *Was ist real?: Das ungelöste Problem der Quantenphysik*. Springer Verlag, 2021.

Carroll, Sean. *Was ist die Welt und wenn ja, wie viele: Wie die Quantenmechanik unser Weltbild verändert*. Klett-Cotta, 2021.

Clegg, Brian. *Quantentheorie in 30 Sekunden: Die wichtigsten Erkenntnisse und Thesen aus der Welt der modernen Physik*. Librero, 2015.

DK, *Simply: Quantenphysik*. Dorling Kindersley, 2023.

Feynman, Richard. *Feynman-Vorlesungen über Physik 5: Quantenmechanik. New Millennium-Edition*. De Gruyter, 2015.

Gribbin, John. *Auf der Suche nach Schrödingers Katze*. Piper, 2010.

Griffiths, David and Schroeter, Darrell. *Introduction to Quantum Mechanics*. Cambridge University Press, 2018.

Lavender, Gemma. *Quantum Physics in Minutes*. Quercus Books, 2017.

Odenwald, Sten. *Quantum Physics: From Schrödinger's Cat to Antimatter*. Arcturus, 2022.

Orzel, Chad. *Schrödingers Hund. Quantenphysik [nicht nur] für Vierbeiner*. Springer, 2016.

Polkinghorne, John. *Quantum Theory: A Very Short Introduction*. OUP Oxford, 2002.

Rovelli, Carlo. *Helgoland: Wie die Quantentheorie unsere Welt verändert*. Rowohlt. 2021.

Susskind, Leonard, Friedmann, Art. *Quantenmechanik. Das Theoretische Minimum*. Springer. 2020.

Holzner, Steven. *Quantenphysik für Dummies: Für Ihr Quäntchen Glück in der Physik*. Für Dummies (Wiley), 2012.

ONLINE MATERIAL

Nature
www.nature.com

Physics World
www.physicsworld.com

The Quantum Exchange
www.compadre.org/quantum

Scientific American
www.scientificamerican.com

PODCASTS

Hooper, Dan and Wegsman, Shalma. *Why This Universe?*

Rantschler, Jim. *Physics Frontiers*

Tippett, Benjamin. *The Titanium Physicists Podcast*

ÜBER DIE BEITRAGENDEN

DIE AUTORIN

Gemma Lavender

Gemma Lavender ist Expertin für Kommunikation und Öffentlichkeitsarbeit bei der Europäischen Weltraumorganisation (ESA) und arbeitete davor als Content-Direktorin für Wissen & Bildung bei Future plc. Sie besitzt einen Doktortitel in Astrophysik sowie weitere Abschlüsse in Astrophysik und den Naturwissenschaften und ist als Wissenschaftlerin im Bereich der Physikdidaktik an der Cardiff University tätig. Sie ist Autorin mehrerer Bücher über Raumfahrt und Physik, darunter Quantum Physics in Minutes, das bisher nicht auf Deutsch erschienen ist.

DER ILLUSTRATOR

Robert Brandt

Robert Brandt lebt im Vereinigten Königreich und ist seit über 20 Jahren als visueller Kommunikator mit dem Schwerpunkt auf technischen und wissenschaftlichen Themen tätig – von Astrophysik bis Biochemie. Seine Grafiken erarbeitet er stets gemeinsam mit Experten aus den jeweiligen Feldern, um so komplexe Themen einer breiten Öffentlichkeit in den Bereichen Verlagswesen, Industrie und Bildung zugänglich zu machen.

INDEX

A

B

C

D

E

F

G

H

I

J

K

L

M

N

O

P

Q

R

S

T

U

V

W

Y

Z

DANKSAGUNGEN

Ein riesiges Dankeschön an das Team von UniPress für ihre harte Arbeit und unsere Zusammenarbeit bei der Umsetzung von *Navigating Quantum Theory* – es ist mir eine Ehre, dieses Buch für euch geschrieben zu haben. Ebenso bin ich meinen Kollegen in der Direktion für Konnektivität und sichere Kommunikation der Europäischen Weltraumorganisation dankbar, mit denen ich unterhaltsame und aufschlussreiche Gespräche über Quantenphysik und Quantenkommunikation geführt habe.